精细化学品生产技术专业（群）重点建设教材
国家骨干高职院校项目建设成果

水及废水监测

主　编	马占青	江　平	
副主编	俞卫阳	何　艺	余晓燕
编　写	干雅平	叶晓英	姚超英
	徐明仙	周梦娜	林正迎
	毛宇辉	何连军	冯立峰

ZHEJIANG UNIVERSITY PRESS
浙江大学出版社

图书在版编目(CIP)数据

水及废水监测 / 马占青,江平主编. —杭州:浙
江大学出版社,2015.3(2023.8重印)
　　ISBN 978-7-308-14264-9

　　Ⅰ.水… Ⅱ.①马… ②江… Ⅲ.①水质监测
Ⅳ.①X832

中国版本图书馆 CIP 数据核字(2014)第 303604 号

水及废水监测

马占青　江　平　主编

责任编辑	石国华
封面设计	刘依群
出版发行	浙江大学出版社
	(杭州天目山路 148 号　邮政编码 310007)
	(网址:http://www.zjupress.com)
排　　版	杭州星云光电图文制作工作室
印　　刷	广东虎彩云印刷有限公司绍兴分公司
开　　本	710mm×1000mm　1/16
印　　张	13.25
字　　数	267 千字
版 印 次	2015 年 3 月第 1 版　2023 年 8 月第 4 次印刷
书　　号	ISBN 978-7-308-14264-9
定　　价	28.00 元

丛书编委会

总　序

  2008 年,杭州职业技术学院提出了"重构课堂、联通岗位、双师共育、校企联动"的教改思路,拉开了教学改革的序幕。2010 年,学校成功申报为国家骨干高职院校建设单位,倡导课堂教学形态改革与创新,大力推行项目导向、任务驱动、教学做合一的教学模式改革与相应课程建设,与行业企业合作共同开发紧密结合生产实际的优质核心课程和校本教材、活页教材,取得了一定成效。精细化学品生产技术专业(群)是骨干校重点建设专业之一,也是浙江省优势专业建设项目之一。在近几年实施课程建设与教学改革的基础上,组织骨干教师和行业企业技术人员共同编写了与专业课程配套的校本教材,几经试用与修改,现正式编印出版,是学校国家骨干校建设项目和浙江省优势专业建设项目的教研成果之一。

  教材是学生学习的主要工具,也是教师教学的主要载体。好的教材能够提纲挈领,举一反三,授人以渔。而工学结合的项目化教材则要求更高,不仅要有广深的理论,更要有鲜活的案例、科学的课题设计以及可行的教学方法与手段。编者们在编写的过程中以自身教学实践为基础,吸取了相关教材的经验并结合时代特征而有所创新,使教材内容与经济社会发展需求的动态相一致。

  本套教材在内容取舍上摒弃求全、求系统的传统,在结构序化上,首先明确学习目标,随之是任务描述、任务实施步骤,再是结合任务需要进行知识拓展,体现了知识、技能、素质有机融合的设计思路。

  本套教材涉及精细化学品生产技术、生物制药技术、环境监测与治理技术 3 个专业共 9 门课程,由浙江大学出版社出版发行。在此,对参与本套教材的编审人员及提供帮助的企业表示衷心的感谢。

  限于专业类型、课程性质、教学条件以及编者的经验与能力,难免存在不妥之处,敬请专家、同仁提出宝贵意见。

谢萍华

2014 年 12 月

目 录

项目一　认识水质监测

任务 1　水质监测方案的制订

知识目标

★理解监测项目确定的相关知识；

★理解基础资料收集；

★熟悉监测断面和采样点设置相关知识；

★熟悉采样时间和采样频率确定相关知识。

技能目标

◆会收集水文、气象、污染源等基础资料；

◆会设置背景断面、对照断面、控制断面、消减断面及采样点；

◆会确定采样时间和采样频率。

职业标准

▼中华人民共和国环境保护行业标准,地表水和污水监测技术规范(Technical Specifications Requirements for Monitoring of Surface Water and Waste Water), HJ/T 91—2002。

▼中华人民共和国环境保护行业标准,地下水环境监测技术规范(Technical Specifications for Environmental Monitoring of Groundwater),HJ/T 164—2004。

▼中华人民共和国环境保护行业标准,水污染物排放总量监测技术规范 (Technical Specifications for Monitoring of Total Amount of Pollutants in Waste Water),HJ/T 92—2002。

知识链接──**水质监测方案的制订**

监测方案是一项监测任务的总体构思和设计,制订时必须首先明确监测目的,然后在调查研究的基础上确定监测对象、设计监测网点,合理安排采样时间和采样频率,选定采样方法和分析测定技术,提出监测报告要求,制订质量保证程序、措施和方案的实施计划等。

1 地面水质监测方案的制订

1.1 基础资料的收集

在制订监测方案之前,应尽可能完备地收集欲监测水体及所在区域的有关资料,主要有:

(1)水体的水文、气候、地质和地貌资料。如水位、水量、流速及流向的变化;降雨量、蒸发量及历史上的水情;河流的宽度、深度、河床结构及地质状况;湖泊沉积物的特性、间温层分布、等深线等。

(2)水体沿岸城市分布、工业布局、污染源及其排污情况、城市给排水情况等。

(3)水体沿岸的资源现状和水资源的用途;饮用水源分布和重点水源保护区;水体流域土地功能及近期使用计划等。

(4)历年的水质资料等。

1.2 监测断面和采样点的设置

在对调查研究结果和有关资料进行综合分析的基础上,根据监测目的和监测项目,并考虑人力、物力等因素确定监测断面和采样点。

采样断面:指在河流采样时,实施水样采集的整个剖面。分背景断面、对照断面、控制断面和消减断面等。对于江、河水系或某一河段,要求设置三种断面,即对照断面、控制断面和消减断面。

背景断面:指为评价某一完整水系的污染程度,未受人类生活和生产活动影响,能够提供水环境背景值的断面。

对照断面:指具体判断某一区域水环境污染程度时,位于该区域所有污染源上游处,能够提供这一区域水环境本底值的断面。

控制断面:指为了解水环境受污染程度及其变化情况的断面。

消减断面:指工业废水或生活污水在水体内流经一定距离而达到最大程度混合,污染物受到稀释、降解,其主要污染物浓度有明显降低的断面。

1.2.1 监测断面的设置原则

监测断面在总体和宏观上须能反映水系或所在区域的水环境质量状况。各断面的具体位置须能反映所在区域环境的污染特征;尽可能以最少的断面获取足够的有代表性的环境信息;同时还须考虑实际采样时的可行性和方便性。

(1)对流域或水系要设立背景断面、控制断面(若干)和入海口断面。对行政区域可设背景断面(对水系源头)或入境断面(对过境河流)或对照断面、控制断面(若干)和入海河口断面或出境断面。在各控制断面下游,如果河段有足够长度(至少10km),还应设消减断面。

(2)根据水体功能区设置控制监测断面,同一水体功能区至少要设置1个监测断面。

(3)断面位置应避开死水区、回水区、排污口处,尽量选择河段顺直、河床稳定、水流平稳、水面宽阔、无急流、无浅滩处。

(4)监测断面力求与水文测流断面一致,以便利用其水文参数,实现水质监测与水量监测的结合。

(5)监测断面的布设应考虑社会经济发展,监测工作的实际状况和需要,要具有相对的长远性。

(6)流域同步监测中,根据流域规划和污染源限期达标目标确定监测断面。

(7)河道局部整治中,监视整治效果的监测断面,由所在地区环境保护行政主管部门确定。

(8)应急监测断面布设。

(9)入海河口断面要设置在能反映入海河水水质并临近入海的位置。

(10)监测断面的设置数量,应根据掌握水环境质量状况的实际需要,考虑对污染物时空分布和变化规律的了解、优化的基础上,以最少的断面、垂线和测点取得代表性最好的监测数据。

1.2.2　监测断面的设置方法

(1)背景断面须能反映水系未受污染时的背景值。要求:基本上不受人类活动的影响,远离城市居民区、工业区、农药化肥施放区及主要交通路线。原则上应设在水系源头处或未受污染的上游河段,如选定断面处于地球化学异常区,则要在异常区的上、下游分别设置。如有较严重的水土流失情况,则设在水土流失区的上游。

(2)入境断面用来反映水系进入某行政区域时的水质状况,应设置在水系进入本区域且尚未受到本区域污染源影响处。

(3)控制断面用来反映某排污区(口)排放的污水对水质的影响。应设置在排污区(口)的下游,污水与河水基本混匀处。

(4)控制断面的数量、控制断面与排污区(口)的距离可根据以下因素决定:主要污染区的数量及其间的距离、各污染源的实际情况、主要污染物的迁移转化规律和其他水文特征等。此外,还应考虑对纳污量的控制程度,即由各控制断面所控制的纳污量不应小于该河段总纳污量的80%。如某河段的各控制断面均有五年以上的监测资料,可用这些资料进行优化,用优化结论来确定控制断面的位置和数量。

(5)出境断面用来反映水系进入下一行政区域前的水质。因此应设置在本区域最后的污水排放口下游,污水与河水已基本混匀并尽可能靠近水系出境处。如在此行政区域内,河流有足够长度,则应设消减断面。消减断面主要反映河流对污染物的稀释净化情况,应设置在控制断面下游,主要污染物浓度有显著下降处。

(6)省(自治区、直辖市)交界断面。省、自治区和直辖市内主要河流的干流、一、二级支流的交界断面,这是环境保护管理的重点断面。

(7)其他各类监测断面。

①水系的较大支流汇入前的河口处,以及湖泊、水库、主要河流的出、入口应设置监测断面。

②国际河流出、入国境的交界处应设置出境断面和入境断面。

③国务院环境保护行政主管部门统一设置省(自治区、直辖市)交界断面。

④对流程较长的重要河流,为了解水质、水量变化情况,经适当距离后应设置监测断面。

⑤水网地区流向不定的河流,应根据常年主导流向设置监测断面。

⑥对水网地区应视实际情况设置若干控制断面,其控制的径流量之和应不少于总径流量的80%。

⑦有水工建筑物并受人工控制的河段,视情况分别在闸(坝、堰)上、下设置断面。如水质无明显差别,可只在闸(坝、堰)上设置监测断面。

⑧要使各监测断面能反映一个水系或一个行政区域的水环境质量。断面的确定应在详细收集有关资料和监测数据基础上,进行优化处理,将优化结果与布点原则和实际情况结合起来,作出决定。

⑨对于季节性河流和人工控制河流,由于实际情况差异很大,这些河流监测断面的确定,以及采样的频次与监测项目、监测数据的使用等,由各省(自治区、直辖市)环境保护行政主管部门自定。

(8)潮汐河流监测断面的布设。

①潮汐河流监测断面的布设原则与其他河流相同,设有防潮桥闸的潮汐河流,根据需要在桥闸的上、下游分别设置断面。

②根据潮汐河流的水文特征,潮汐河流的对照断面一般设在潮区界以上。若感潮河段潮区界在该城市管辖的区域之外,则在城市河段的上游设置一个对照断面。

③潮汐河流的消减断面,一般应设在近入海口。若入海口处于城市管辖区域外,则设在城市河段的下游。

④潮汐河流的断面位置,尽可能与水文断面一致或靠近,以便取得有关的水文数据。

(9)湖泊、水库监测垂线的布设。

①湖泊、水库通常只设监测垂线,如有特殊情况可参照河流的有关规定设置监测断面。

②湖(库)区的不同水域,如进水区、出水区、深水区、浅水区、湖心区、岸边区,按水体类别设置监测垂线。

③湖(库)区若无明显功能区别,可用网格法均匀设置监测垂线。

④监测垂线上采样点的布设一般与河流的规定相同,但当有可能出现温度分层现象时,应做水温、溶解氧的探索性试验后再定。

⑤受污染物影响较大的重要湖泊、水库,应在污染物主要输送路线上设置控制断面。

(10)选定的监测断面和垂线均应经环境保护行政主管部门审查确认,并在地图上标明准确位置,在岸边设置固定标志。同时,用文字说明断面周围环境的详细情况,并配以照片。这些图文资料均存入断面档案。断面一经确认即不准任意变动。确需变动时,需经环境保护行政主管部门同意,重作优化处理与审查确认。

1.2.3　采样点位的确定

设置监测断面后,应根据水面的宽度确定断面上的采样垂线,再根据采样垂线的深度确定采样点位置和数目。如表1-1、表1-2和表1-3所示。

表 1-1　采样垂线数的设置

水面宽	垂线数	说　明
≤50m	一条(中泓)	1. 垂线布设应避开污染带,要测污染带应另加垂线。
50～100m	二条(近左、右岸有明显水流处)	2. 确能证明该断面水质均匀时,可仅设中泓垂线。
>100m	三条(左、中、右)	3. 凡在该断面要计算污染物通量时,必须按本表设置垂线。

表 1-2　采样垂线上的采样点数的设置

水深	采样点数	说　明
≤5m	上层1点	1. 上层指水面下 0.5m 处,水深不到 0.5m 时,在水深 1/2 处。
5～10m	上、下层2点	2. 下层指河底以上 0.5m 处。 3. 中层指 1/2 水深处。 4. 封冻时在冰下 0.5m 处采样,水深不到 0.5m 处时,在水深 1/2 处采样。
>10m	上、中、下层3点	5. 凡在该断面要计算污染物通量时,必须按本表设置采样点。

表 1-3　湖(库)监测垂线采样点的设置

水深	分层情况	采样点数	说　明
≤5m		一点(水面下 0.5m 处)	1. 分层是指湖水温度分层状况。
5～10m	不分层	二点(水面下 0.5m,水底上 0.5m)	2. 水深不足 1m,在 1/2 水深处设置测点。
5～10m	分层	三点(水面下 0.5m,1/2 斜温层,水底上 0.5m 处)	3. 有充分数据证实垂线水质均匀时,可酌情减少测点。
>10m		除水面下 0.5m,水底上 0.5m 处外,按每一斜温分层 1/2 处设置	

1.3   采样时间和采样频率的确定

依据不同的水体功能、水文要素和污染源、污染物排放等实际情况,力求以最低的采样频次,取得最有时间代表性的样品,能够反映水质在时间和空间上的变化规律,既要满足能反映水质状况的要求,又要切实可行。

(1)饮用水源地、省(自治区、直辖市)交界断面中需要重点控制的监测断面:每月至少采样 1 次。

(2)国控水系、河流、湖、库上的监测断面:逢单月采样 1 次,全年 6 次。

(3)水系的背景断面每年采样 1 次。

(4)受潮汐影响的监测断面的采样:分别在大潮期和小潮期进行。每次采集涨、退潮水样分别测定。涨潮水样应在断面处水面涨平时采样,退潮水样应在水面退平时采样。

(5)如某必测项目连续三年均未检出,且在断面附近确定无新增排放源,而现有污染源排污量未增的情况下,每年可采样 1 次进行测定。一旦检出,或在断面附近有新的排放源或现有污染源有新增排污量时,即恢复正常采样。

(6)国控监测断面(或垂线)每月采样 1 次,在每月 5 日~10 日内进行采样。

(7)遇有特殊自然情况,或发生污染事故时,要随时增加采样频次。

(8)在流域污染源限期治理、限期达标排放的计划中和流域受纳污染物的总量削减规划中,以及为此所进行的同步监测,按"流域监测"执行。

(9)为配合局部水流域的河道整治,及时反映整治的效果,应在一定时期内增加采样频次,具体由整治工程所在地方环境保护行政主管部门制定。

1.4   采样及监测技术的选择

要根据监测对象的性质、含量范围及测定要求等因素选择适宜的采样、监测方法和技术,其详细内容将在本章以下各节中分别介绍。

1.5   结果表达、质量保证及实施计划

水质监测所测得的众多化学、物理以及生物学的监测数据,是描述和评价水环境质量,进行环境管理的基本依据,必须进行科学的计算和处理,并按照要求的形式在监测报告中表达出来。

质量保证概括了保证水质监测数据正确可靠的全部活动和措施。质量保证贯穿监测工作的全过程。详细内容参阅第九章。实施计划是实施监测方案的具体安排,要切实可行,使各环节工作有序、协调地进行。

2   地下水质监测方案的制订

储存在土壤和岩石空隙(孔隙、裂隙、溶隙)中的水统称地下水。地下水埋藏在

地层的不同深度,相对地面水而言,其流动性和水质参数的变化比较缓慢。地下水质监测方案的制订过程与地面水基本相同。

2.1　调查研究和收集资料

(1)收集、汇总监测区域的水文、地质、气象等方面的有关资料和以往的监测资料。例如,地质图、剖面图、测绘图、水井的成套参数、含水层、地下水补给、径流和流向,以及温度、湿度、降水量等。

(2)调查监测区域内城市发展、工业分布、资源开发和土地利用情况,尤其是地下工程规模、应用等;了解化肥和农药的施用面积和施用量;查清污水灌溉、排污、纳污和地面水污染现状。

(3)测量或查知水位、水深,以确定采水器和泵的类型,所需费用和采样程序。

(4)在完成以上调查的基础上,确定主要污染源和污染物,并根据地区特点与地下水的主要类型把地下水分成若干个水文地质单元。

2.2　采样点的设置

由于地质结构复杂,使地下水采样点的设置也变得复杂。自监测井采集的水样只代表含水层平行和垂直的一小部分,所以,必须合理地选择采样点。目前,地下水监测以浅层地下水(又称潜水)为主,应尽可能利用各水文地质单元中原有的水井(包括机井)。还可对深层地下水(也称承压水)的各层水质进行监测。孔隙水以第四纪为主;基岩裂隙水以监测泉水为主。

(1)背景值监测点的设置:背景值采样点应设在污染区的外围不受或少受污染的地方。对于新开发区,应在引入污染源之前设背景值监测点。

(2)监测井(点)的布设:监测井布点时,应考虑环境水文地质条件、地下水开采情况、污染物的分布和扩散形式,以及区域水化学特征等因素。对于工业区和重点污染源所在地的监测井(点)布设,主要根据污染物在地下水中的扩散形式确定。例如,渗坑、渗井和堆渣区的污染物在含水层渗透性较大的地区易造成条带状污染;污灌区、污养区及缺乏卫生设施的居民区的污水渗透到地下易造成块状污染,此时监测井(点)应设在地下水流向的平行和垂直方向上,以监测污染物在两个方向上的扩散程度。渗坑、渗井和堆渣区的污染物在含水层渗透小的地区易造成点状污染,其监测井(点)应设在距污染源最近的地方。沿河、渠排放的工业废水和生活污水因渗漏可能造成带状污染,此时宜用网状布点法设置监测井。

一般监测井在液面下 0.3~0.5m 处采样。若有间温层或多含水层分布,可按具体情况分层采样。

2.3　采样时间和采样频率的确定

(1)每年应在丰水期和枯水期分别采样测定;有条件的地方按地区特点分四季

采样;已建立长期观测点的地方可按月采样监测。

(2)通常每一采样期至少采样监测 1 次;对饮用水源监测点,要求每一采样期采样监测两次,其间隔至少 10 天;对有异常情况的井点,应适当增加采样监测次数。

3 水污染源监测方案的制订

水污染源包括工业废水源、生活污水源、医院污水源等。在制订监测方案时,首先也要进行调查研究,收集有关资料,查清用水情况、废水或污水的类型、主要污染物及排污去向和排放量,车间、工厂或地区的排污口数量及位置,废水处理情况,是否排入江、河、湖、海,流经区域是否有渗坑等。然后进行综合分析,确定监测项目、监测点位,选定采样时间和频率、采样和监测方法及技术,制订质量保证程序、措施和实施计划等。

3.1 污水监测的布点与采样

3.1.1 污染源污水监测点位的布设

(1)第一类污染物采样点位一律设在车间或车间处理设施的排放口或专门处理此类污染物设施的排口。这类污染物主要有汞、镉、砷、铅的无机化合物,六价铬的无机化合物及有机氯化合物和强致癌物质等。

(2)第二类污染物采样点位一律设在排污单位的外排口。这类污染物主要有悬浮物、硫化物、挥发酚、氰化物、有机磷化合物、石油类、铜、锌、氟的无机化合物、硝基苯类、苯胺类等。

(3)进入集中式污水处理厂和进入城市污水管网的污水采样点位应根据地方环境保护行政主管部门的要求确定。

(4)污水处理设施效率监测采样点的布设。

①对整体污水处理设施效率监测时,在各种进入污水处理设施污水的入口和污水设施的总排口设置采样点。

②对各污水处理单元效率监测时,在各种进入处理设施单元污水的入口和设施单元的排口设置采样点。

3.1.2 污染源污水监测的采样

(1)监督性监测:地方环境监测站对污染源的监督性监测每年不少于 1 次,如被国家或地方环境保护行政主管部门列为年度监测的重点排污单位,应增加到每年 2~4 次。因管理或执法的需要所进行的抽查性监测或对企业的加密监测由各级环境保护行政主管部门确定。

(2)企业自我监测:工业废水按生产周期和生产特点确定监测频率。一般每个生产日至少 3 次。

（3）对于污染治理、环境科研、污染源调查……

频次可以根据工作方案的要求另行确定。

（4）排污单位为了确认自行监测的采样频次，……中的污水监测，其采样

周期内进行加密监测：周期在 8h 以内的，每小时采 1 ……条件下的一个生产

采 1 次样，但每个生产周期采样次数不少于 3 次。采样……大于 8h 的，每 2h

密监测结果，绘制污水污染物排放曲线（浓度—时间，流量—……流量。根据加

与所掌握资料对照，如基本一致，即可据此确定企业自行监测的……量—时间），并

根据管理需要进行污染源调查性监测时，也按此频次采样。……次。

（5）排污单位如有污水处理设施并能正常运转使污水能稳定排放……染物排

放曲线比较平稳，监督监测可以采瞬时样；对于排放曲线有明显变化的……排放

污水，要根据曲线情况分时间单元采样，再组成混合样品。正常情况下，混合样品

的单元采样不得少于两次。如排放污水的流量、浓度甚至组分都有明显变化，则在

各单元采样时的采样量应与当时的污水流量成比例，以使混合样品更有代表性。

3.2　污水采样方法

（1）污水的监测项目按照行业类型有不同要求，参见附录 1。

在分时间单元采集样品时，测定 pH、COD、BOD_5、DO、硫化物、油类、有机物、

余氯、粪大肠菌群、悬浮物、放射性等项目的样品，不能混合，只能单独采样。

（2）对不同的监测项目应选用的容器材质、加入的保存剂及其用量与保存期、

应采集的水样体积和容器的洗涤方法等参见附录 2。

（3）自动采样：自动采样用自动采样器进行，有时间比例采样和流量比例采样。

当污水排放量较稳定时可采用时间比例采样，否则必须采用流量比例采样。

所用的自动采样器必须符合国家环境保护总局颁布的污水采样器技术要求。

（4）实际的采样位置应在采样断面的中心。当水深大于 1m 时，应在表层下

1/4 深度处采样；水深小于或等于 1m 时，在水深的 1/2 处采样。

（5）注意事项：

①用样品容器直接采样时，必须用水样冲洗三次后再行采样。但当水面有浮

油时，采油的容器不能冲洗。

②采样时应注意除去水面的杂物、垃圾等漂浮物。

③用于测定悬浮物、BOD_5、硫化物、油类、余氯的水样，必须单独定容采样，全

部用于测定。

④在选用特殊的专用采样器（如油类采样器）时，应按照该采样器的使用方法

……时应认真填写"污水采样记录表"，表中应有以下内容：污染源名称、监

……样点位、采样时间、样品编号、污水性质、污水流量、采样人姓

……式可由各省制定。

⑥凡需现场⋯⋯应进行现场监测。其他注意事项可参见地表水质监测的采样部分、运输和记录

3.3　污水样⋯⋯往往相当复杂,其稳定性通常比地表水样更差,应设法尽快测定。保存⋯⋯污水样的具体要求参照地表水样的有关规定和表4-4执行。

⋯⋯采样⋯⋯等。在每个样品瓶上贴一标签,标明点位编号、采样日期和时间、测定项目和保⋯⋯

监测方案的制订

一、填空题

1.水系的背景断面须能反映水系未受污染时的背景值,原则上应设在_____或_____。

2.湖(库)区若无明显功能区别,可用_____法均匀设置监测垂线。

3.在采样(水)断面同一条生产线上,水深5～10m时,设2个采样点,即m_____处和_____m处;若水深≤5m时,采样点在水面_____m处。

4.沉积物采样点位通常为水质采样垂线的_____,沉积物采样点应避开_____、沉积物沉积不稳定及水草茂盛、_____之处。

5.测_____、_____和_____等项目时,采样时水样必须注满容器,上部不留空间,并有水封口。

6.在建设项目竣工环境保护验收监测中,对生产稳定且污染物排放有规律的排放源,应以_____为采样周期,采样不得少于_____个周期,每个采样周期内采样次数一般应为3～5次,但不得少于_____次。

7._____的分布和污染物在地下水中的_____是布设污染控制监测井的首要考虑因素。

8.当工业废水和生活污水等污染物沿河渠排放或渗漏以带状污染扩散时,地下水污染控制监测点(井)采用_____布点法布设垂直于河渠的监测线。

9.地下水监测井应设明显标牌,井(孔)口应高出地面_____m,井(孔)口安装_____,孔口地面应采取_____措施,井周围应有防护栏。

10.背景值监测井和区域性控制的孔隙承压水井每年_____采样一次,污染控制监测井逢单月采样一次,全年6次,作为生活饮用水集中供水的地下水监测井,_____采样一次。

二、判断题

1.为评价某一完整水系的污染程度,未受人类生活和生产活动影响、能够提供水环境背景值的断面,称为对照断面。　　　　　　　　　　　(　　)

2.控制断面用来反映某排污区(口)排放的污水对水质的影响,应设置在排污

区(口)的上游、污水与河水混匀处、主要污染物浓度有明显降低的断面。（   ）

3. 在地表水水质监测中通常未集瞬时水样。（   ）

4. 污水的采样位置应在采样断面的中心，水深小于或等于 1 米时，在水深的 1/4 处采。（   ）

5. 在建设项目竣工环境保护验收监测中，对有污水处理设施并正常运转或建有调节池的建设项目，其污水为稳定排放的可采瞬时样，但不得少于 3 次。（   ）

6. 在应急监测中，对江河的采样应在事故地点及其下游布点采样，同时要在事故发生地点上游采对照样。（   ）

7. 地下水监测点网布设密度的原则为：主要供水区密、一般地区稀，城区密、农村稀。（   ）

8. 地下水监测点网可根据需要随时变动。（   ）

9. 国控地下水监测点网密度布设时，每个是至少应有 1～2 眼井，平原（含盆地）地区一般每 500 平方千米设 1 眼井。（   ）

10. 为了解地下水体未受人为影响条件下的水质状况，需在研究区域的污染地段设置地下水背景值监测井（对照井）。（   ）

11. 地下水采样时，每 5 年对监测井进行一次透水灵敏度试验，当向井内注入灌水段 1 米井管容积的水量，水位复原时间超过 30min 时，应进行洗井。（   ）

12. 地下水水位监测每年 2 次，丰水期、水枯期各 1 次。（   ）

13. 在地下水监测中，不得将现场测定后的剩余水样作为实验室分析样品送往实验室。（   ）

14. 为实施水污染物排放总量监测时，对日排水量大于或等于 500 吨、小于 1000 吨的排污单位，使用连续流量比例采样，实验室分析混合样；或以每小时为间隔的时间比例采样，实验室分析混合样。（   ）

15. 排污总量监测的采样点位设置，应根据排污单位的生产状况及排水管网设置情况，由地方环境保护行政主管部门确认。（   ）

16. 企事业单位污水采样点处必须设置明显标志，确认后的采样点不得改动。（   ）

17. 环境保护行政主管部让所属的监测站对排污单位的总量控制监督监测，重点污染源（日排水量大于 100 吨的企业）每年 4 次以上，一般污染源（日排水量 100 吨以下的企业）每年 2～4 次。（   ）

三、选择题

1. 具体判断某一区域水环境污染程度时，位于该区域所有污染源上游、能够提供这一区域水环境本底值的断面称为（   ）。

A. 控制断面　　　　　　　B. 对照断面　　　　　　　C. 消减断面

2. 受污染物影响较大的重要湖泊和水库，应在污染物主要输送路线上设置（   ）。

A. 控制断面　　　　　　　B. 对照断面　　　　　　　C. 削减断面

3.当水面宽大于100米时,在一个监测断面上设置的采样垂线数是( )条。

A.5　　　　　　　　B.2　　　　　　　　C.3

4.饮用水水源地、省(自治区、直辖市)交界断面中需要重点控制的监测断面采样频次为( )。

A.每年至少一次　　　B.逢单月一次　　　C.每月至少一次

5.平原(含盆地)地区,国控地下水监测点网密度一般不少于每100km²( )。

A.0.1　　　　　　　B.0.2　　　　　　　C.0.5

6.渗坑、渗井和固体废物堆放区的污染物在含水层渗透性较大的地区以( )污染扩散,监测井应沿地下水流向布设,以平行及垂直的监测线进行控制。

A.条带状　　　　　　B.点状　　　　　　C.块状

7.地下水监测井井管内径不宜小于( )米。

A.0.1　　　　　　　B.0.2　　　　　　　C.0.5

8.新凿地下水监测井的终孔直径不宜不于( )米。

A.0.25　　　　　　　B.05　　　　　　　C.1

9.从监测井中采集水样,采样深度应在地下水水面米( )以下,以保证水样能代表地下水水质。

A.0.2　　　　　　　B.0.5　　　　　　　C.1

10.地下水监测项目中,水温监测每年1次,可在( )与水位监测同步进行。

A.平水期　　　　　　B.丰水期　　　　　　C.枯水期

11.在地下水监测项目中,北方盐碱区和沿海受潮汐影响的地区应增测项目( )。

A.电导率、磷酸盐及硅酸盐

B.有机磷、有机氯农药及凯氏氮

C.导电率、溴化物和碘化物等

12.废水中一类污染物采样点设置在( )。

A.车间或车间处理设施排放

B.排污单位的总排口

C.车间处理设施入口

13.湖库的水质特性在水平方向未呈现明显差异时,允许只在水的最深位置以上布设( )个采样点。

A.1　　　　　　　　B.2　　　　　　　　C.4

14.湖泊和水库的水质有季节性变化,采样频次取决于水质变化的状况及特性,对于水质控制监测,采样时间间隔可为( ),如果水质变化明显,则每天都需要采样,甚至连续采样。

A.一周　　　　　　　B.两周　　　　　　　C.一个月

四、问答题

1. 简述地表水监测断面的布设原则。

2. 地表水采样前的采样计划应包括哪些内容?

3. 布设地下水监测点网时,哪些地区应布设监测点(井)?

4. 确定地下水采样频次和采样时间的原则是什么?

5. 湖泊和水库采样点位的布设应考虑哪些因素?

6. 监测开阔河流水质,应在哪里设置采样点?

7. 采集降水样品时应注意哪些事项?

任务 2 水样的采集、运输和保存

知识目标

★理解地表水水样的采集相关知识及方法;

★理解地表水水样保存的相关知识及方法;

★理解地表水水样运输的相关知识及方法。

技能目标

◆能根据监测条件采集水样及保存;

◆能正确记录、贴好标签、运送水样;

◆正确清点样品,防止搞错,塞紧容器口,样瓶装箱;

◆能注意保温、冷藏、隔热制冷剂及防冻裂样品瓶。

职业标准

▼中华人民共和国国家环境保护标准,HJ 494—2009(代替 GB 12998—91)水质,采样技术导则(Water quality—Guidance on sampling techniques)。

▼中华人民共和国国家环境保护标准,HJ 495—2009(代替 GB 12997—91)水质采样方案设计技术规定(Water Quality—Technical Regulation on the Design of Sampling Programmes)。

▼中华人民共和国环境保护行业标准,水质河流采样技术指导(Water Quality—Guidance on Sampling Techniques of Rivers),HJ/T 52—1999。

▼中华人民共和国国家标准,水质湖泊和水库采样技术指导(Water Quality—Guidance on Sampling Techniques from Lakes and Man-made),GB/T 14581—93。

▼中华人民共和国国家环境保护标准,HJ 493—2009(代替 GB 12999—91)水

质,样品的保存和管理技术规定（Water Quality—Technical Regulation of the Preservation and Handling of Samples）。

知识链接——水样的采集、运输和保存

1 地面水样的采集

1.1 采样前的准备

采样前,要根据监测项目的性质和采样方法的要求,选择适宜材质的盛水容器和采样器,并清洗干净,此外,还需准备好交通工具。交通工具常使用船只。对采样器具的材质要求化学性能稳定,大小和形状适宜,不吸附欲测组分,容易清洗并可反复使用。

1.2 采样方法和采样器(或采水器)

采集表层水时,可用桶、瓶等容器直接采取。一般将其沉至水面下 0.3~0.5m 处采集。

采集深层水时,可使用带重锤的采样器沉入水中采集。将采样容器沉降至所需深度(可从绳上的标度看出),上提细绳打开瓶塞,待水样充满容器后提出。对于水流急的河段,宜采用急流采样器。它是将一根长钢管固定在铁框上,管内装一根橡胶管,其上部用夹子夹紧,下部与瓶塞上的短玻璃管相连,瓶塞上另有一长玻璃管通至采样瓶底部。采样前塞紧橡胶塞,然后沿船身垂直伸入要求水深处,打开上部橡胶管夹,水样即沿长玻璃管流入样品瓶中,瓶内空气由短玻璃管沿橡胶管排出。这样采集的水样也可用于测定水中溶解性气体,因为它是与空气隔绝的。

测定溶解气体(如溶解氧)的水样,常用双瓶采样器采集。将采样器沉入要求水深处后,打开上部的橡胶管夹,水样进入小瓶(采样瓶)并将空气驱入大瓶,从连接大瓶短玻璃管的橡胶管排出,直到大瓶中充满水样,提出水面后迅速密封。

此外,还有多种结构较复杂的采样器,例如,深层采水器、电动采水器、自动采水器、连续自动定时采水器等。

1.3 水样的类型

(1)瞬时水样:是指在某一时间和地点从水体中随机采集的分散水样。当水体水质稳定,或其组分在相当长的时间或相当大的空间范围内变化不大时,瞬时水样具有很好的代表性;当水体组分及含量随时间和空间变化时,就应隔时、多点采集瞬时样,分别进行分析,摸清水质的变化规律。

(2)混合水样:是指在同一采样点于不同时间所采集的瞬时水样的混合水样,有时称"时间混合水样",以与其他混合水样相区别。这种水样在观察平均浓度时非常有用,但不适用于被测组分在贮存过程中发生明显变化的水样。

(3)综合水样:把不同采样点同时采集的各个瞬时水样混合后所得到的样品称综合水样。这种水样在某些情况下更具有实际意义。例如,当为几条废水河、渠建立综合处理厂时,以综合水样取得的水质参数作为设计的依据更为合理。

2　废水样品的采集

2.1　采样方法

(1)浅水采样:可用容器直接采集,或用聚乙烯塑料长把勺采集。

(2)深层水采样:可使用专制的深层采水器采集,也可将聚乙烯筒固定在重架上,沉入要求深度采集。

(3)自动采样:采用自动采样器或连续自动定时采样器采集。例如,自动分级采样式采水器,可在一个生产周期内,每隔一定时间将一定量的水样分别采集在不同的容器中;自动混合采样式采水器可定时连续地将定量水样或按流量比采集的水样汇集于一个容器内。

2.2　废水样类型

(1)瞬时废水样:对于生产工艺连续、稳定的工厂,所排放废水中的污染组分及浓度变化不大,瞬时水样具有较好的代表性。对于某些特殊情况,如废水中污染物质的平均浓度合格,而高峰排放浓度超标,这时也可间隔适当时间采集瞬时水样,并分别测定,将结果绘制成浓度—时间关系曲线,以得知高峰排放时污染物质的浓度;同时也可计算出平均浓度。

(2)平均废水样:由于工业废水的排放量和污染组分的浓度往往随时间起伏较大,为使监测结果具有代表性,需要增大采样和测定频率,但这势必增加工作量,此时比较好的办法是采集平均混合水样或平均比例混合水样。前者系指每隔相同时间采集等量废水样混合而成的水样,适于废水流量比较稳定的情况;后者系指在废水流量不稳定的情况下,在不同时间依照流量大小按比例采集的混合水样。有时需要同时采集几个排污口的废水样,并按比例混合,其监测结果代表采样时的综合排放浓度。

3　地下水样的采集

从监测井中采集水样常利用抽水机设备。启动后,先放水数分钟,将积留在管道内的杂质及陈旧水排出,然后用采样容器接取水样。对于无抽水设备的水井,可选择适合的专用采水器采集水样。

对于自喷泉水,可在涌水口处直接采样。

对于自来水,也要先将水龙头完全打开,放水数分钟,排出管道中积存的死水后再采样。

地下水的水质比较稳定,一般采集瞬时水样,即能有较好的代表性。

4 底质的监测点位和采样

底质样品的监测主要用于了解水体中易沉降、难降解污染物的累积情况。

(1)采样点

①底质采样点位通常为水质采样垂线的正下方。当正下方无法采样时,可略作移动,移动的情况应在采样记录表上详细注明。

②底质采样点应避开河床冲刷、底质沉积不稳定及水草茂盛、表层底质易受搅动之处。

③湖(库)底质采样点一般应设在主要河流及污染源排放口与湖(库)水混合均匀处。

(2)采样量及容器

底质采样量通常为1kg~2kg,一次的采样量不够时,可在周围采集几次,并将样品混匀。样品中的砾石、贝壳、动植物残体等杂物应予剔除。在较深水域一般常用掘式采泥器采样。在浅水区或干涸河段用塑料勺或金属铲等即可采样。样品在尽量沥干水分后,用塑料袋包装或用玻璃瓶盛装;供测定有机物的样品,用金属器具采样,置于棕色磨口玻璃瓶中。瓶口不要沾污,以保证磨口塞能塞紧。

(3)底质采样质量要求

①底质采样点应尽量与水质采样点一致。

②水浅时,因船体或采泥器冲击搅动底质,或河床为砂卵石时,应另选采样点重采。采样点不能偏移原设置的断面(点)太远。采样后应对偏移位置做好记录。

③采样时底质一般应装满抓斗。采样器向上提升时,如发现样品流失过多,必须重采。

(4)采样记录及样品交接

样品采集后要及时将样品编号,贴上标签,并将底质的外观性状,如泥质状态、颜色、嗅味、生物现象等情况填入采样记录表。

采集的样品和采样记录表运回后一并交实验室,并办理交接手续。

5 流量的测量

在采集水样的同时,还需要测量水体的水位(m)、流速(m/s)、流量(m^3/s)等水文参数,因为在计算水体污染负荷是否超过环境容量、控制污染源排放量、估价污染控制效果等工作中,都必须知道相应水体的流量。

对于较大的河流,水文部门一般设有水文监测断面,应尽量利用其所测参数。下面介绍小河流、明渠和废水、污水流量的测量方法。

5.1 流速仪法

对于水深大于 0.05m,流速大于 0.015m/s 的河、渠,可用流速仪测定水流速度,然后按下式计算流量:

$$Q=V \cdot S$$

式中:Q——水流量(m^3/s);

V——水流断面平均流速(m/s);

S——水流断面面积(m^2)。

目前商品流速仪有多种规格,如 LS45 型旋杯式浅水低流速仪,其测速范围为 0.015~0.5m/s,工作水深为 0.05~1.0m;XKC-3 型信控测流仪,其测速范围为 0.1~4.0m/s,工作水深大于 0.1m,等等。

5.2 浮标法

浮标法是一种粗略测量流速的简易方法。测量时,选择一平直河段,测量该河段 2m 间距内水流横断面的面积,求出平均横断面面积。在上游投入浮标,测量浮标流经确定河段(L)所需时间,重复测量几次,求出所需时间的平均值(t),即可计算出流速(L/t),再按下式计算流量:

$$Q=60V \cdot S$$

式中:Q——水流量(m^3/min);

V——水流平均流速(m/s),其值一般取 0.7L/t;

S——水流平均横断面面积(m^2)。

5.3 堰板法

这种方法适用于不规则的污水沟、污水渠中水流量的测量。该方法是用三角形或矩形、梯形堰板拦住水流,形成溢流堰,测量堰板前后水头和水位,计算流量。

5.4 其他方法

用容积法测定污水流量也是一种简便方法。即将污水导入已知容积的容器或污水池、污水箱中,测量流满容器或池、箱的时间,然后用其除受纳容器的体积便可求知流量。

现已生产多种规格的污水流量计,测定流量简便、准确。例如,WML 型污水流量计的测量范围为 1~6000m^3/h;WMJ-Ⅱ型污水流量计测量范围为 10~

$400m^3/h$ 等。此外,还可以用压差法、根据工业用水平衡计算法或排水管径大小测量法估算污水流量。

6　水样的运输和保存

各种水质的水样,从采集到分析测定这段时间内,由于环境条件的改变,微生物新陈代谢活动和化学作用的影响,会引起水样某些物理参数及化学组分的变化。为将这些变化降低到最低程度,需要尽可能地缩短运输时间、尽快分析测定和采取必要的保护措施;有些项目必须在采样现场测定。

6.1　水样的运输

对采集的每一个水样,都应做好记录,并在采样瓶上贴好标签,运送到实验室。在运输过程中,应注意以下几点。

(1)要塞紧采样容器器口塞子,必要时用封口胶、石蜡封口(测油类的水样不能用石蜡封口)。

(2)为避免水样在运输过程中因震动、碰撞导致损失或沾污,最好将样瓶装箱,并用泡沫塑料或纸条挤紧。

(3)需冷藏的样品,应配备专门的隔热容器,放入制冷剂,将样品瓶置于其中。

(4)冬季应采取保温措施,以免冻裂样品瓶。

6.2　水样的保存

贮存水样的容器可能吸附欲测组分,或者沾污水样,因此要选择性能稳定、杂质含量低的材料制作的容器。常用的容器材质有硼硅玻璃、石英、聚乙烯和聚四氟乙烯。其中,石英和聚四氟乙烯杂质含量少,但价格昂贵,一般常规监测中广泛使用聚乙烯和硼硅玻璃材质的容器。

不能及时运输或尽快分析的水样,则应根据不同监测项目的要求,采取适宜的保存方法。水样的运输时间,通常以 24h 作为最大允许时间;最长贮放时间一般为:清洁水样 72h;轻污染水样 48h;严重污染水样 12h;保存水样的方法有以下几种。

6.2.1　冷藏或冷冻法

冷藏或冷冻的作用是抑制微生物活动,减缓物理挥发和化学反应速度。

6.2.2　加入化学试剂保存法

(1)加入生物抑制剂:如在测定氨氮、硝酸盐氮、化学需氧量的水样中加入 $HgCl_2$,可抑制生物的氧化还原作用;对测定酚的水样,用 H_3PO_4 调至 pH 为 4 时,加入适量 $CuSO_4$,即可抑制苯酚菌的分解活动。

(2)调节 pH 值:测定金属离子的水样常用 HNO_3 酸化至 pH 为 $1\sim2$,既可防止重金属离子水解沉淀,又可避免金属被器壁吸附;测定氰化物或挥发性酚的水样加入 NaOH 调至 pH 为 12 时,使之生成稳定的酚盐等。

（3）加入氧化剂或还原剂:如测定汞的水样需加入 HNO_3（至 pH＜1）和 $K_2Cr_2O_7$(0.05％),使汞保持高价态;测定硫化物的水样,加入抗坏血酸,可以防止被氧化;测定溶解氧的水样则需加入少量硫酸锰和碘化钾固定溶解氧（还原）等。

应当注意,加入的保存剂不能干扰以后的测定;保存剂的纯度最好是优级纯的,还应作相应的空白试验,对测定结果进行校正。

水样的贮存期限与多种因素有关,如组分的稳定性、浓度、水样的污染程度等。附录中表列出我国《样品的保存和管理技术规定(HJ493—2009 代替 GB12999—91)》标准中建议的水样保存方法。

6.2.3　水样的过滤或离心分离

如欲测定水样中组分的全量,采样后立即加入保存剂,分析测定时充分摇匀后再取样。如果测定可滤(溶解)态组分的含量,国内外均采用以 $0.45\mu m$ 微孔滤膜过滤的方法,这样可以有效地除去藻类和细菌,滤后的水样稳定性好,有利于保存。测定不可过滤的金属时,应保留过滤水样用的滤膜备用。如没有 $0.45\mu m$ 微孔滤膜,对泥沙型水样可用离心方法处理。含有机质多的水样,可用滤纸或砂芯漏斗过滤。用自然沉降后取上清液测定可滤态组分是不恰当的。

习　题——水样的采集、运输和保存

一、填空题

1. 地下水采样前,除＿＿＿＿＿、＿＿＿＿＿＿和＿＿＿＿＿＿监测项目外,应先用被采样水荡洗采样器和水样容器 2～3 次后再采集水样。

2. 采集地下水水样时,样品唯一性标中应包括＿＿＿＿＿＿、采样日期、＿＿＿＿＿＿编号、＿＿＿＿＿＿序号和监测项目等信息。

3. 废水样品采集时,在某一时间段,在同一采样点按等时间间隔采等体积水样的混合水样,称为＿＿＿＿＿＿。此废水流量变化应＿＿＿＿＿＿％。

4. 比例采样器是一种专用的自动水质采样器,采集的水样量随＿＿＿＿＿＿与＿＿＿＿＿＿成一定比例,使其在任一时段所采集的混合水样的污染物浓度反映该时段的平均浓度。

5. 水污染物排放总量监测的采样点设置必须能够满足＿＿＿＿＿＿的要求,当污水排放量大于 1000/td 时,还应满足＿＿＿＿＿＿的要求。

6. 水污染物排放总量监测的采样点的标志内容包括＿＿＿＿＿＿、编号、排污去向、＿＿＿＿＿＿等。

7. 工业废水的分析应特别重视水中＿＿＿＿＿＿对测定的影响,并保证分取测定水样的＿＿＿＿＿＿性和＿＿＿＿＿＿性。

8. 水质采样时,通常分析有机物的样品使用简易＿＿＿＿＿＿（材质）采样瓶,分析无机物的样品使用＿＿＿＿＿＿（材质）采样瓶(桶)。自动采样容器应满足相应的污水

采样器技术要求。

9. 采集湖泊和水库样品所用的闭管式采样器应装有_____装置,以采集到不与管内积存空气(或气体)混合的水样。在靠近底部采样时,注意不要搅动的_____界面。

10. 湖泊和水库采样,反映水质特性采样点的标志要明显,采样标志可采用_____法、_____法、岸标法或无线电导航定位等来确定。

11. 引起水样水质变化的原因有_____作用、_____作用和_____作用。

12. 选择水样容器材质须注意:容器器壁不应吸收或吸附待测组分、_____、_____和选用深色玻璃降低光敏作用。

13. 水质监测中采样现场测定项目一般包括_____、_____、_____、_____、_____,即常说的五参数。

14. 往水样中投加一些化学试剂(保护剂)可固定水样中某些待测组分,经常使用的水样保护剂有各种_____、_____和_____,加入量因需要而异。

15. 一般的玻璃容器吸附_____、聚乙烯等塑料吸附_____、磷酸盐和油类。

16. 水样采集后,对每一份样品都应附一张完整的_____。

17. 待测溴化物及含溴化合物的水样需_____并_____保存。

18. 根据不同的水质采样目的,采样网络可以是_____也可以扩展到_____。

19. 采集测定挥发性物质的水样时,采样泵的吸入高度要_____、管网系统要_____。

20. 为化学分析而收集降水样品时,采样点应位于_____的地方。

21. 水流量的测量包括_____、_____和_____三方面。

22. 对于流速和待测物浓度都有变化的流动水,采集_____样品,可反映水体的整体质量。

23. 采集水样时,在_____采样点上以流量、时间、体积或是以流量为基础,按照_____混合在一起的样品,称为混合水样。

24. 为了某种目的,把从_____同时采得的_____混合为一个样品,这种混合样品称为综合水样。

25. 水体沉积物可用_____、_____或钻装置采集。

26. 水的细菌学检验所用的样品容器,是_____瓶,瓶的材质为_____或_____。

27. 对细菌学检验所用的样品容器的基本要求是_____。样品在运回实验室到检验前,应保持_____。

二、判断题

1. 测定废水中的氰化物、Pb、Cd、Hg、As 和 Cr^{6+} 等项目时,采样时应避开水表

面。 （　）

2.采集湖泊和水库的水样时,从水体的特定地点的不同深度采集的一组样品称为平面样品组。 （　）

3.地表水监测所用的敞开式采样器为开口容器,用于采集表层水和靠近表层的水。当有漂浮物质时,不可能采集到有代表性的样品。 （　）

4.采集湖泊和水库的水样时,采样点位的布设,应在较小范围内进行详尽的预调查,在获得足够信息的基础上,应用统计技术合理地确定。 （　）

5.采集湖泊和水库的水位时,水质控制的采样点应设在靠近用水的取水口及主要水源的入口。 （　）

6.采集湖泊和水库的水样时,由于分层现象,导致非均匀水体,采样时要把采样点深度间的距离尽可能加长。 （　）

7.采样现场测定记录中要记录现场测定样品的处理及保存步骤,测量并记录现场温度。 （　）

8.在进行长期采样过程中,条件不变时,就不必对每次采样都重复说明,仅叙述现场进行的监测和容易变化的条件,如气候条件和观察到的异常情况等。 （　）

9.水样在贮存期内发生变化的程度完全取决于水的类型及水样的化学性质和生物学性质。 （　）

10.测定氟化物的水样应贮存玻璃瓶或塑料瓶中。 （　）

11.清洗采样容器的一般程序是,用铬酸-硫酸洗液,再用水和洗涤剂洗,然后用自来水、蒸馏水冲洗干净。 （　）

12.测定水中重金属的采样容器通常用铬酸-硫酸洗液洗净,并浸泡1~2d,然后用蒸馏水或去离子水冲洗。 （　）

13.测定水中微生物的样品瓶在灭菌前可向容器中加入亚硫酸钠,以除去余氯对细菌的抑制使用。 （　）

14.测定水中六价铬时,采集水样的容器具磨口塞的玻璃瓶,以保证其密封。 （　）

15.河流干流网络的采样点应包括潮区界以内的各采样点、较大的支流的汇入口和主要污水或者工业废水的排放口。 （　）

16.为采集有代表性的样品,采集测定溶解气体、易挥发物质的水样时要把层流诱发成湍流。 （　）

17.只有固定采样点位才能对不同时间所采集的样品进行对比。 （　）

18.采集河流和溪流的水样时,在潮汐河段,涨潮和落潮时采样点的布设应该相同。 （　）

19.水质监测的某些参数,如溶解气体的浓度,应尽可能在现场测定以便取得准确的结果。 （　）

20.为测定水污染物的平均浓度,一定要采集混合水样。 （　　）

21.在封闭管道中采集水样,采样器探头或采样管应妥善地放在进水的上游,采样管不能靠近管壁。 （　　）

22.对于开阔水体,调查水质状况时,应考虑到成层期与循环期的水质明显不同。了解循环期水质,可采集表层水样;了解成层期水质,应按深度分层采样。 （　　）

23.沉积物采样地点除设在主要污染源附近、河口部位外,应选择由于地形及潮汐原因造成堆积以及沉积层恶化的地点,也可选择在沉积层较厚的地点。 （　　）

24.沉积物样品的存放,一般使用广口容器,且要注意容器的密封。 （　　）

25.要了解水体垂直断面的平均水质而采用"综合深度法"采样时,为了在所有深度均能采得等份的水样,采样瓶沉降或提升的速度应是均匀的。 （　　）

26.采集测定微生物的水样时,采样设备与容器不能用水样冲洗。 （　　）

27.采水样容器的材质在化学和生物性质方面应具有惰性,使样口组分与容器之间的反应减到最低程度。光照可能影响水样中的生物体,选材质时也要予以考虑。 （　　）

三、选择题

1.测定油类的水样,应在水面至水面下（　　）毫米采集柱状水样。采样瓶（容器）不能用采集水样冲洗。

A.100　　　　　　　　B.200　　　　　　　　C.300

2.需要单独采样并将采集的样品全部用于测定的项目是（　　）。

A.余氯　　　　　　　B.硫化物　　　　　　　C.油类

3.等比例混合水样为（　　）。

A.在某一时段内,在同一采样点所采水样量随时间与流量成比例的混合水样

B.在某一时段内,在同一采样点按等时间间隔采等体积水样的混合水样

C.从水中不连续地随机(如时间、流量和地点)采集的样品

4.生物作用会对水样中待测的项目如（　　）的浓度产生影响。

A.含氮化合物　　　　B.硫化物　　　　　　　C.氰化物

5.用于测定农药或除草剂等项的水样,一般使用（　　）作盛装水样的容器。

A.棕色玻璃瓶　　　　B.聚乙烯瓶　　　　　　C.无色玻璃瓶

6.测定农药或除草剂等项目的样品瓶按一般规则清洗后,在烘箱内（　　）℃下烘干4h。冷却后再用纯化过的己烷或石油醚冲洗数次。

A.150　　　　　　　　B.180　　　　　　　　C.200

7.测定BOD和COD的样品,如果其浓度较低,最好用（　　）保存。

A.聚乙烯塑料瓶　　　B.玻璃瓶　　　　　　　C.硼硅玻璃瓶

8.测定水中铝或铅等金属时,采集样品后加酸酸化至 pH 小于 2,但酸化时不

能使用( )。

A. 硫酸   B. 硝酸   C. 盐酸

9. 测定水中余氯时,最好在现场分析,如果做不到现场分析,需在现场用过量 $NaOH$ 固定,且保存时间不应超过( )小时。

A. 6   B. 24   C. 48

10. 水质监测采样时,必须在现场进行固定处理的项目是( )。

A. 砷   B. 硫化物   C. COD

11. 测定水中总磷时,采集的样品应储存于( )。

A. 聚乙烯瓶   B. 玻璃瓶   C. 硼硅玻璃瓶

12. 采集测定悬浮物的水样时,在( )条件下采样最好。

A. 层流   B. 湍流   C. 束流

13. 如果采集的降水被冻或者含有雪或雹之类,可将全套设备移到高于( )℃的低温环境解冻。

A. 5   B. 0   C. 10

14. 采集河流和溪流的水样时,采样点不应选在( )。

A. 汇流口

B. 溢流堰或只产生局部影响的小排出口

C. 主要排放口或吸水处

15. 用导管采集污泥样品时,为了减少堵塞的可能性,采样管的内径不应小于( )毫米。

A. 20   B. 50   C. 100

16. 下列情况中适合瞬间采样的是( )。

A. 连续流动的水流

B. 水和废水特性不稳定时

C. 测定某些参数,如溶解气体、余氯、可溶解性硫化物、微生物、油脂、有机物和 pH 时

17. 对于流速和待测污染物浓度都有明显变化的流动水,精确的采样方法是( )。

A. 在固定时间间隔下采集周期样品

B. 在固定排放量间隔下采集周期样品

C. 在固定流速下采集连续样品

D. 可在变流速下采集的流量比例连续样品

18. 水质采样时,下列情况中适合采集混合水样的是( )。

A. 需测定平均浓度时

B. 为了评价出平均组分或总的负荷

C. 几条废水渠道分别进入综合处理厂时

19.采集地下水时,如果采集目的只是为了确定某特定水源中有无待测的污染物,只需从(　　)采集水样。

　　A.自来水管　　　　　　　　B.包气带　　　　　　　　C.靠近井壁

20.非比例等时连续自动采样器的工作原理是(　　)。

　　A.按设定的采样时间间隔与储样顺序,自动将水样从指定采样点分别采集到采样器的各储样容器中

　　B.按设定的采样时间间隔与储样顺序,自动将定量的水样从指定采样点分别采集到采样器的各储样容器中

　　C.按设定的采样时间间隔,自动将定量的水样从指定采样点采集到采样器的混合储样容器中

21.定量采集水生附着生物时,用(　　)最适宜。

　　A.园林耙具　　　　　　　　B.采泥器　　　　　　　　C.标准显微镜载玻片

四、问答题

1.采集水中挥发性有机物和汞样品时,采样容器应如何洗涤?

2.选择采集地下水的容器应遵循哪些原则?

3.地下水现场监测项目有哪些?

4.为确保废水放总量监测数据的可靠性,应如何做好现场采样的质量保证?

5.什么是湖泊和水库样品的深度综合样?

6.采集湖泊和水库的水样后,在样品的运输、固定和保存过程中应注意哪些事项?

7.简述保存措施有哪些? 并举例说明。

8.简述一般水样自采样后到分析测试前应如何处理?

9.如何从管道中采集水样?

项目二　地表水水质物理指标及 pH 值监测

任务 1　地表水水温的测定

知识目标

★了解水温对水质的影响；

★了解水温计、深水温度计、颠倒温度计和热敏电阻温度计。

技能目标

◆会水温计法测定地表水水温。

职业标准

▼中华人民共和国国家标准，水质水温的测定温度计或颠倒温度计测定法 (Water Quality—Determination of Water Temperature Thermometer or Reversing Thermometer Method)，GB 13195—91。

▼中华人民共和国环境保护行业标准，地表水和污水监测技术规范(Technical Specifications Requirements for Monitoring of Surface Water and Waste Water)，HJ/T 91—2002。

实训任务

杭州市经济技术开发区"消防主题公园"清源桥断面采样点水温的测定。

实训操作

1　主题内容与适用范围

1.1　主题内容

本标准规定了用水温计、深水温度计或颠倒温度计，测定水温的方法。

1.2　适用范围

本标准适用于井水、江河水、湖泊和水库水,以及海水水温的测定。

2　原理

在水样采集现场,利用专门的水银温度计,直接测量并读取水温。

3　仪器

3.1　水温计

水温计适用于测量水的表层温度。

水银温度计安装在特制金属套管内,套管开有可供温度计读数的窗孔,套管上端有一提环,以供系住绳索,套管下端旋紧着一只有孔的盛水金属圆筒,水温计的球部应位于金属圆筒的中央。

测量范围$-6 \sim +40℃$,分度值为$0.2℃$。

3.2　深水温度计

适用于水深 40m 以内的水温的测量。

其结构与水温计相似。盛水圆筒较大,并有上、下活门,利用其放入水中和提升时的自动启开和关闭,使筒内装满所测温度的水样。

测量范围$-2 \sim +40℃$,分度值为$0.2℃$。

3.3　颠倒温度计(闭式)

该温度计适用于测量水深在 40m 以上的各层水温。

闭端(防压)式颠倒温度计由主温计和辅温计组装在厚壁玻璃套管内构成,套管两端完全封闭。主温计测量范围$-2 \sim +32℃$,分度值为$0.10℃$,辅温计测量范围为$-20 \sim +50℃$,分度值为$0.5℃$。

主温计水银柱断裂应灵活,断点位置固定,复正温度计时,接受泡水银应全部回流,主、辅温计应固定牢靠。

颠倒温度计需装在颠倒采水器上使用。

注:水温计或颠倒温度计应定期由计量检定部门进行校核。

4　测定步骤

水温应在采样现场进行测定。

4.1　表层水温的测定

将水温计投入水中至待测深度,感温 5min 后,迅速上提并立即读数。从水温计离开水面至读数完毕应不超过 20s,读数完毕后,将筒内水倒净。

4.2　水深在 40m 以内水温的测定

将深水温度计投入水中,用与表层水温的测定相同的步骤(4.1)进行测定。

4.3　水深在 40m 以上水温的测定

将安装有闭端式颠倒温度计的颠倒采水器,投入水中至待测深度,感温 10min 后,由"使锤"作用,打击采水器的"撞击开关",使采水器完成颠倒动作。

感温时,温度计的贮泡向下,断点以上的水银柱高度取决于现场温度,当温度计颠倒时,水银在断点断开,分成上、下两部分,此时接受泡一端的水银柱示度,即为所测温度。

上提采水器,立即读取主温计上的温度。

根据主、辅温计的读数,分别查主、辅温计的器差表(由温度计检定证中的检定值线性内插做成)得相应的校正值。

颠倒温度计的还原校正值 K 的计算公式为:

$$K = \frac{(T-t)(T+V_0)}{n}\left(1+\frac{T+V_0}{n}\right)$$

式中:T——主温计经器差校正后的读数;

$\quad t$——辅温计经器差校正后的读数;

$\quad V_0$——主温计自接受泡至刻度 0℃处的水银容积,以温度度数表示;

$\quad 1/n$——水银与温度计玻璃的相对膨胀系数,n 通常取值为 6300。

主温计经器差校正后的读数 T 加还原校正值 K,即为实际水温。

知识链接——水质物理指标

1　水温

水的物理化学性质与水温有密切关系。水中溶解性气体(如氧、二氧化碳等)的溶解度、水生生物和微生物活动、化学和生物化学反应速度及盐度、pH 值等都受水温变化的影响。

水的温度因水源不同而有很大差异。一般来说,地下水温度比较稳定,通常为 8～12℃;地面水随季节和气候变化较大,大致变化范围为 0～30℃。工业废水的温度因工业类型、生产工艺不同有很大差别。

水温测量应在现场进行。常用的测量仪器有水温计、深水温度计、颠倒温度计和热敏电阻温度计。

2 臭

臭是分析原水和处理水的水质必测项目之一。水中臭主要来源于生活污水和工业废水中的污染物、天然物质的分解或与之有关的微生物活动。由于大多数臭太复杂,可检出浓度又太低,故难以分离和鉴定产臭物质。

无臭无味的水虽然不能保证是安全的,但有利于饮用者对水质的信任。检验臭也是评价水处理效果和追踪污染源的一种手段。测定臭的方法有定性描述法和臭强度近似定量法(臭阈试验)。

2.1 定性描述法

这种分析方法的要点是:取 100mL 水样于 250mL 锥形瓶中,分析人员依靠自己的嗅觉,分别在 20℃ 和煮沸稍冷后闻其臭,用适当的词语描述其臭特征,并按下表划分的等级报告臭强度。

表 2-1　臭强度等级

等　级	强　度	说　明
0	无	无任何气味
1	微弱	一般饮用者难于觉察,味觉敏感者可觉察
2	弱	一般饮用者刚能觉察
3	明显	已能明显觉察,不加处理,不能饮用
4	强	有很明显的臭味
5	很强	有很强烈的臭味

2.2 臭阈值法

该方法是用无臭水稀释水样,直至闻出最低可辨别臭气的浓度(称"臭阈浓度"),用其表示臭的阈限。水样稀释到刚好闻出臭味时的稀释倍数称为"臭阈值",即:

$$臭阈值 = \frac{水样体积(mL) + 无臭水体积(mL)}{水样体积(mL)}$$

分析操作要点:用水样和无臭水在锥形瓶中配制水样稀释系列(稀释倍数不要让分析人员知道),在水浴上加热至 $60 \pm 1℃$;分析人员取出锥形瓶,振荡 2～3 次,去塞,闻其臭气,与无臭水比较,确定刚好闻出臭气的稀释样,计算臭阈值。如水样含余氯,应在脱氯前后各检验一次。

由于分析人员嗅觉敏感性有差异,对同一水样稀释系列的检验结果会不一致,因此,一般选择 5 名以上嗅觉敏感的人员同时分析,取各检臭人员分析结果的几何均值作为代表值。

检臭人员的嗅觉灵敏程度可用邻甲酚或正丁醇测试,嗅觉迟钝者不能入选。在分析前,必须避免外来气味的刺激。

一般用自来水通过颗粒活性炭制取无臭水。自来水中的余氯可用硫代硫酸钠溶液滴定脱除。也可用蒸馏水制取无臭水,但市售蒸馏水和去离子水不能直接作无臭水。

3　残渣

残渣分为总残渣、总可滤残渣和总不可滤残渣三种。它们是表征水中溶解性物质、不溶性物质含量的指标。

3.1　总残渣

总残渣是水和废水在一定的温度下蒸发、烘干后剩余的物质,包括总不可滤残渣和总可滤残渣。其测定方法是取适量(如 50mL)振荡均匀的水样于称至恒重的蒸发皿中,在蒸汽浴或水浴上蒸干,移入 103～105℃烘箱内烘至恒重,增加的重量即为总残渣。计算式如下:

$$总残渣(mg/L) = \frac{(A-B) \times 1000 \times 1000}{V}$$

式中:A——总残渣和蒸发皿重(g)

　　　B——蒸发皿重(g);

　　　V——水样体积(mL)。

3.2　总可滤残渣

总可滤残渣量是指将过滤后的水样放在称至恒重的蒸发皿内蒸干,再在一定温度下烘至恒重所增加的重量。一般测定 103～105℃烘干的总可滤残渣,但有时要求测定 180±2℃烘干总可滤残渣。水样在此温度下烘干,可将吸着水全部赶尽,所得结果与化学分析结果所计算的总矿物质含量较接近。计算方法同总残渣。

3.3　总不可滤残渣(悬浮物,SS)(GB 11901—89 悬浮物的测定重量法)

水样经过滤后留在过滤器上的固体物质,于 103～105℃烘至恒重得到的物质量称为总不可滤残渣量。它包括不溶于水的泥沙、各种污染物、微生物及难溶无机物等。常用的滤器有滤纸、滤膜、石棉坩埚。由于它们的滤孔大小不一致,故报告结果时应注明。石棉坩埚通常用于过滤酸或碱浓度高的水样。

地面水中存在悬浮物,使水体浑浊,透明度降低,影响水生生物呼吸和代谢;工业废水和生活污水含大量无机、有机悬浮物,易堵塞管道、污染环境,因此,为必测指标。

4　浊度

浊度是表现水中悬浮物对光线透过时所发生的阻碍程度。测定浊度的方法有分光光度法、目视比浊法、浊度计法等。

4.1　分光光度法(GB 13200—91)

4.1.1　方法原理

将一定量的硫酸肼与 6 次甲基四胺聚合,生成白色高分子聚合物,以此作为浊度标准溶液,在一定条件下与水样浊度比较。该方法适用于天然水、饮用水浊度的测定。

4.1.2　测定要点

(1)将蒸馏水用 $0.2\mu m$ 的滤膜过滤,以此作为无浊度水。

(2)用硫酸肼$[(NH_2)_2SO_4 \cdot H_2SO_4]$和 6 次甲基四胺$[(CH_2)_6N_4]$及无浊度水配制浊度贮备液、浊度标准溶液和系列浊度标准溶液。

(3)于 680nm 波长处测定系列浊度标准溶液的吸光度,绘制吸光度—浊度标准曲线。

(4)取适量水样定容,按照测定系列浊度标准溶液方法测其吸光度,并由标准曲线上查出相应浊度,按下式计算水样的浊度:

$$浊度(度)=(A \cdot V)/V_0$$

式中:A——经稀释的水样浊度(度);

V——水样经稀;

V_0——原水样体积(mL)。

4.2　目视比浊法(GB 13200—91)

4.2.1　方法原理

将水样与用硅藻土(或白陶土)配制的标准浊度溶液进行比较,以确定水样的浊度。规定 1L 蒸馏水中含 1mg 一定粒度的硅藻土(或白陶土)所产生的浊度为一个浊度单位,简称度。

4.2.2　测定要点

(1)配制浊度标准贮备液和系列浊度标准溶液(视水样浊度高低确定浊度范围)。

(2)取与浊度标准溶液等体积的摇匀水样或稀释水样,对照系列浊度标准溶液观察比较,选出与水样产生视觉效果相近的标准溶液,即为水样的浊度。如用稀释水样,则按 4.1.2 法中计算式计算水样的浊度。

4.3　浊度计测定法

浊度计是依据浑浊液对光进行散射或透射的原理制成的测定水体浊度的专用仪器,一般用于水体浊度的连续自动测定。

5　透明度

透明度是指水样的澄清程度,洁净的水是透明的。透明度与浊度相反,水中悬浮物和胶体颗粒物越多,其透明度就越低。测定透明度的方法有铅字法、塞氏盘法、十字法等。

5.1　铅字法

该法为检验人员从透明度计的筒口垂直向下观察,刚好能清楚地辨认出其底部的标准铅字印刷符号时的水柱高度为该水的透明度,并以厘米数表示。超过 30cm 时为透明水。透明度计是一种长 33cm,内径 2.5cm 的具有刻度的玻璃筒,筒底有一磨光玻璃片。

该方法由于受检验人员的主观影响较大,在保证照明等条件尽可能一致的情况下,应取多次或数人测定结果的平均值。它适用于天然水或处理后的水。

5.2　塞氏盘法

这是一种现场测定透明度的方法。塞氏盘为直径 200mm、黑白各半的圆盘,将其沉入水中,以刚好看不到它时的水深(cm)表示透明度。

5.3　十字法

在内径为 30mm,长为 0.5 或 1.0m 的具刻度玻璃筒的底部放一白瓷片,片中部有宽度为 1mm 的黑色十字和四个直径为 1mm 的黑点。将混匀的水样倒入筒内,从筒下部徐徐放水,直至明显地看到十字,而看不到四个黑点为止,以此时水柱高度(cm)表示透明度。当高度达 1m 以上时即算透明。

6　矿化度

矿化度是水化学成分测定的重要指标,用于评价水中总含盐量,是农田灌溉用水适用性评价的主要指标之一。该指标一般只用于天然水。对无污染的水样,测得的矿化度值与该水样在 103~105℃时烘干的总可滤残渣量值相近。

矿化度的测定方法有重量法、电导法、阴阳离子加和法、离子交换法、比重计法等。重量法含意明确,是较简单、通用的方法。

重量法测定原理是取适量经过滤除去悬浮物及沉降物的水样于已称至恒重的蒸发皿中,在水浴上蒸干,加过氧化氢除去有机物并蒸干,移至 105～110℃烘箱中烘干至恒重,计算出矿化度(mg/L)。

7　氧化还原电位

对一个水体来说,往往存在多种氧化还原电位,构成复杂的氧化还原体系,而其氧化还原电位是多种氧化物质与还原物质发生氧化还原反应的综合结果。这一指标虽然不能作为某种氧化物质与还原物质浓度的指标,但能帮助我们了解水体的电化学特征,分析水体的性质,是一项综合性指标。

水体的氧化还原电位必须在现场测定。其测定方法是以铂电极作指示电极,饱和甘汞电极作参比电极,与水样组成原电池,用晶体管毫伏计或通用 pH 计测定铂电极相对于甘汞电极的氧化还原电位,然后再换算成相对于标准氢电极的氧化还原电位作为报告结果。计算式如下:

$$E_n = E_{ind} + E_{ref}$$

式中:E_n——水样的氧化还原电位(mV);

E_{ind}——测得的氧化还原电位(mV);

E_{ref}——测定温度下的饱和甘汞电极的电极电位(mV),可从物理化学手册或
有关资料中查得。

作　业——**水质物理指标**

一、填空题

1.文字描述法适用于天然水、_____水_____水和_____水中臭的检验。

2.水中的臭主要来源于_____水或_____水污染、天然物质分解或微生物、生物活动等。

3.臭阈值法适用于_____水至臭阈值_____水中臭的检验。

4.臭阈值法检验水中臭时,其检验人员的嗅觉敏感程度可用_____或_____测试。

5.用臭阈值法进行水中臭的检验,应在检臭实验室中进行,检臭人员在检验过程中不能分散注意力并不受_____及_____的干扰。

6.用"臭阈值"表示水中臭检验结果时,闻出臭气的最低浓度称为"_____",水样稀释到闻出臭气浓度的稀释倍数称为"_____"。

7.水温测定时,当气温与水温相差较大时,尤应注意立即_____,避免受_____影响。

8.透明度是指水样的澄清程度,洁净的水是透明的,水中存在_____和

_____时,透明度便降低。

9.铅字法适用于_____水和_____水的透明度测定。

10.用铅字法测水的透明度,透明度计应设在_____的实验室内,并离直身阳光窗户约_____米的地点。

11.铅字法测定水的透明度,透明度度数记录以_____的厘米表示,估计至_____cm。

12.塞氏圆盘又称_____,它是用较厚的白铁皮剪成直径 200mm 的圆板,在板的一面从中心平分为 4 个部分,以_____制成。

二、判断题

1.文字描述法测定臭的水样,应用玻璃瓶采集,用塑料容器盛水样。　　　(　　)

2.检验臭的人员,不需要嗅觉特别灵敏,实验室的检验人员即可。　　　(　　)

3.检臭样品的制备由检验人员负责制备,以便知道试样的稀释倍数按次序编码。　　　(　　)

4.由于测试水中臭时,应控制恒温条件,所以臭阈值结果报告中不必注明检验时的水温。　　　(　　)

5.文字描述法是粗略的检臭法,由于各人的嗅觉感受程度不同,所得结果会有一定出入。　　　(　　)

6.检验水样中臭使用的无臭水,可以通过自来水煮沸的方式获取或直接使用市售蒸馏水。　　　(　　)

7.臭阈值法检验水中臭时,检验试样的温度应保持在 60℃跟正负 2℃。　(　　)

8.臭阈值法检验水中臭时,需要确定臭的阈限,即水样经稀释后,直至闻不出臭气味的浓度。　　　(　　)

9.为了检验水样中臭,实验中需要制取无臭水,一般用自来水通过颗粒活性炭的方法来制取。　　　(　　)

10.臭是检验原水和处理水质的必测项目之一,并可作为追查污染源的一种手段。　　　(　　)

11.水温计和颠倒温度计用于湖库等深层水温的测量。　　　(　　)

12.水温计或颠倒温度计需要定期校核。　　　(　　)

13.水的透明度与浊度成正比,水中悬浮物越多,其透明度就越低。　(　　)

14.测定水透明度时,铅字法使用的仪器是透明度计,塞氏盘法使用的透明度盘。　　　(　　)

15.铅字法测定透明度所用的透明度计中的印刷符号,是在一张白纸上用黑碳素笔加粗写的 III 不同方向的符号。　　　(　　)

16.铅字法测定透明度必须将所取的水样静置后,再倒入透明度计内至 30cm 处。　　　(　　)

17.铅字法测定水透明度时,观察者应从透明度计筒口垂直向下观察水下的印

刷符号。　　　　　　　　　　　　　　　　　　　　　　　　（　　　）

18.用塞氏盘法测定水样的透明度,记录单位为 m。　　　　　（　　　）

19.现场测定透明度时,将塞氏圆盘直接放入水中,记录圆盘下沉的长度。

　　　　　　　　　　　　　　　　　　　　　　　　　　　（　　　）

20.十字法所用的透明度计,与铅字法基本一样,底部均用玻璃片,只是底部图示不同,一个是印刷符号,一个是标准十字图示。　　　　　（　　　）

21.十字法测定的透明度与浊度是不可以换算的。　　　　　（　　　）

三、选择题

1.文字描述法检测水中臭时,采样后应尽快检测,最好在样品采集后(　　　)h内完成。

A.2　　　　　　B.6　　　　　　C.12　　　　　　D.24

2.用文字描述法检验水样中臭的原理是:检验人员依靠自己的嗅觉,在(　　　)和(　　　)闻其臭,用适当的词句描述臭特性,并按等级报告臭强度。

A.常温,沸腾时　　　　　　　B.25℃,煮沸冷却至 25℃后

C.20℃,煮沸冷却至 20℃后　　D.20℃,煮沸后稍冷

3.臭阈值法检验水中臭时,确定检验臭阈值的人数视检测目的、检测费用和选定检臭人员等条件而定。一般情况下,至少(　　　)人,最好(　　　)人或更多,方可获得精度较高的结果。

A.5,10　　　　B.2,5　　　　C.3,6　　　　D.4,8

4.臭阈值法检验水中臭时,应先检测(　　　)的试样,逐渐(　　　)浓度,以免产生嗅觉疲劳。

A.最浓,降低　　　　　　　　B.中间浓度,升高

C.最稀,升高　　　　　　　　D.中间浓度,先降低后再升高

5.臭阈值法检验水中臭,某一水样最低取用 50mL 稀释到 200mL 时,闻到臭气,则其臭阈值为(　　　)。

A.8　　　　　　B.2　　　　　　C.16　　　　　　D.4

6.铅字法与塞氏盘法都是测定水透明度的方法,其应用上的区别在于(　　　)。

A.前者在实验室内,后者在现场

B.前者在现场,后者在实验室内

C.两者既可在实验室内又可在现场

D.两者均可在现场

7.铅字法测定水的透明度,不仅受检验人员的主观影响较大,还受照明条件的影响,检测结果最好取(　　　)。

A.一次或一人测定结果　　　　B.两次或一人测定结果平均值

C.一次或数人测定结果平均值　D.多次或数人测定结果的平均值

8.铅字法测定水的透明度时,使用的透明度计必须保持洁净,观察者应记录

（　　）时水柱的高度。

　　A. 模糊的辨认出符号　　　　　　　B. 刚好能辨认出符号

　　C. 无法辨认出符号　　　　　　　　D. 清晰地辨认出符号

　　9. 用塞氏盘法在现场测定水的透明度时，正确方法是将盘在船的（　　）处平放水中。

　　A. 直射光　　　　　B. 背光　　　　　C. 迎光　　　　　　D. 反射光

　　10. 用塞氏盘法在现场测定水的透明度时，将圆盘没入水中逐渐下沉至恰好不能看见盘面的（　　）时，记取其尺度。

　　A. 白色　　　　　　B. 黑色　　　　　C. 黑白两色

　　11. 用塞氏盘法在现场测定水的透明度时，检测受检验人员的主观影响较大，故观察时需要反复（　　）次。

　　A. 一、二　　　　B. 二、三　　　　C. 三、四　　　　D. 四、五

　　12. 使用十字法测定水的透明度时，水柱高度超出 1m 以上的水样应该（　　）。

　　A. 作为透明水样　　　　　　　　　B. 按照实际高度记录

　　C. 水样稀释后再观察　　　　　　　D. 透明度数计作 1m

　　13. 十字法测定水的透明度，准确记录水柱高度是在（　　）位置。

　　A. 黑色十字和 4 个黑点刚好清晰见到

　　B. 黑色十字模糊，而 4 个黑点刚好清晰见到

　　C. 黑色十字刚好清晰见到，而 4 个黑点尚未见到

　　D. 黑色十字和 4 个黑点刚好完全消失

　　14. 十字法测定水的透明度，将水样先倒入透明度计至黑色十字完全消失，除去气泡，将水样从筒内（　　）放出，记录透明度厘米数。

　　A. 快速　　　　　B. 徐徐　　　　　C. 直接　　　　　D. 间接

四、问答题

　　1. 用文字描述法测定水中臭时，如果水样中存在余氯，应该如何处理？

　　2. 文字描述法检验水中臭时，臭强度分为几级？各级的强度是怎样定义的？

　　3. 简述臭阈值法检测水中臭时应注意的事项。

　　4. 简述水体的哪些物理化学性质与水的温度有关。

任务 2　地表水色度的测定

知识目标

　　★理解水样色度的含义及对环境的影响，区别水的"真色"和"表色"；

　　★熟悉水样色度测定方法的选择。

技能目标

◆会色度测定所需水样的采集与保存；
◆会铂钴比色法测定地表水的色度。

职业标准

▼中华人民共和国国家标准,水质色度的测定(Water Quality—Determination of Colority),GB 11903—89。

▼中华人民共和国环境保护行业标准,地表水和污水监测技术规范(Technical Specifications Requirements for Monitoring of Surface Water and Waste Water),HJ/T 91—2002。

实训任务

杭州市经济技术开发区"消防主题公园"清源桥断面采样点色度的测定。

实训操作

1　原理

水的色度通常采用铂钴比色法测定,即把氯铂酸钾与氯化钴配成标准溶液,与水样进行目视比色。规定每升水中含有1mg铂和0.5mg钴时所具有的颜色,称为1度,作为标准色度单位。测定时,如果水样浑浊,则应放置澄清,也可用离心法或用孔径$0.45\mu m$滤膜过滤去除悬浮物,但不能用滤纸过滤,因滤纸可吸附部分溶解于水的颜色。该方法适用于较清洁的、带有黄色色调的天然水和饮用水的测定。

2　仪器和试剂

(1)50mL 具塞比色管,其刻度线高度一致。

(2)钴铂标准溶液:称取 1.246g 氯铂酸钾(K_2PtCl_6)(相当于 5000mg 铂)及1.000g 氯化钴($CoCl_6 \cdot H_2O$)(相当于 250mg 钴),溶于 100mL 水中,加 100mL 盐酸,用水定容到 1000mL。此溶液色度为 500 度,保存在密塞玻璃瓶中,存放在暗处。

3　步骤

3.1　标准色列的配制

向 50mL 比色管加入 0、0.50、1.00、2.00、2.50、3.00、3.50、4.00、4.50、5.00、

6.00、7.00 钴铂标准溶液,用水稀释至标线,混匀。各管的色度依次为 0、5、10、15、20、25、30、35、40、45、50、60、70 度。密塞保存。

3.2　水样的测定

(1)分取 50.0mL 澄清透明水样于比色管中,如水样色度较大,可酌情少取水样,用水稀释至 50.0mL。

(2)将水样与标准色列进行目视比较。观察时,可将比色管置于白瓷板或白纸上,使光线从管底部向上投过液柱,目光自管口垂直向下观察,记下与水样色度相同的钴铂标准色列的色度。

4　数据处理

$$色度(度) = (A \times 50)/B$$

式中:A——稀释后水样相当于钴铂标准色列的色度;

　　　B——水样的体积(mL)。

5　注意事项

(1)如果样品中有泥土或其他分散很细的悬浮物,虽经预处理而得不到透明水样时,则只测其表色。

(2)可用重铬酸钾代替氯铂酸钾配置标准色列。方法是:称取 0.0437g 重铬酸钾和 1.000g 硫酸钴($CoSO_4 \cdot 7H_2O$),溶于少量水中,加入 0.50mL 硫酸,用水稀释到 500mL。此溶液的色度为 500 度。不宜久存。

6　思　考

(1)溶液比较混浊时应该如何进行预处理?

(2)为什么不能用滤纸过滤?

知识链接——水的颜色

1　概述

水是无色透明的,当水中存在某种物质时,会表现出一定的颜色。溶解性的有机物,部分无机物离子和有色悬浮微粒均可使水着色。pH 值对色度有较大的影响,在测定色度的同时,应测量容易的 pH 值。

颜色也是反映水体外观的指标。纯水为无色透明,天然水中存在腐殖质、泥土、浮游生物和无机矿物质,使其呈现一定的颜色。工业废水含有染料、生物色素、有色悬浮物等,是环境水体着色的主要来源。有颜色的水可减弱水体的透光性,影响水生生物生长。

水的颜色可分为真色和表色两种。真色是指去除悬浮物后水的颜色;没有去除悬浮物的水所具有的颜色称为表色。对于清洁或浊度很低的水,其真色和表色相近;对于着色很深的工业废水,二者差别较大。水的色度一般是指真色而言。

2　水的色度测定

2.1　稀释倍数法

该方法适用于受工业废水污染的地面水和工业废水颜色的测定。测定时,首先用文字描述水样颜色的种类和深浅程度,如深蓝色、棕黄色、暗黑色等。然后取一定量水样,用蒸馏水稀释到刚好看不到颜色,根据稀释倍数表示该水样的色度。

所取水样应无树叶、枯枝等杂物;取样后应尽快测定,否则,于 4℃ 保存并在 48h 内测定。

2.2　分光光度法

它是用分光光度法求出有色水样的三激励值,然后查图和表,得知水样的色调(红、绿、黄等),以主波长表示;亮度,以明度表示;饱和度(柔和、浅淡等),以纯度表示。近年来,我国某些行业已试用这种方法检验排水水质。

习　题——色度

一、填空题

1.《水质色度的测定》(GB/11903—1989)中规定,色度测定的是水样经_____min澄清后样品的颜色。

2.铂钴比色法测定水质色度时,色度标准溶液放在密封的玻璃瓶中,存放于暗处,温度不超过_____度,该溶液至少能稳定_____个月。

3.为测定水的色度而进行采样时,所用与样品接触的玻璃器皿都要用_____或_____加以清洗,最后用蒸馏水或去离子水洗净、沥干。

二、判断题

1.测定水的色度的铂钴比色法与稀释倍数法应独立使用,两者一般没有可比性。　　　　　　　　　　　　　　　　　　　　　　(　　)

2.样品和标准溶液的颜色调不一致时,《水质色度的测定》(GB/T 11903—1989)不适用。　　　　　　　　　　　　　　　　　(　　)

3.铂钴比色法测定水的色度时,色度标准溶液由储备液用蒸馏水去离子水稀释到一定体积而得。　　　　　　　　　　　　　　　　　　　　　　　(　　)

4.铂钴比色法测定水的色度时,如果水样浑浊,则放置澄清,亦可用离心机或用孔径为 0.45μm 滤膜过滤去除悬浮物。　　　　　　　　　　　　　　(　　)

5.铂钴标准比色法测定水的色度时,如果水样浑浊,可用离心机去除悬浮物,也可以用滤纸过滤。　　　　　　　　　　　　　　　　　　　　　　　(　　)

6.色度是水样的颜色强度,铂钴比色法和稀释倍数法测定结果均表示为"度"。　　　　　　　　　　　　　　　　　　　　　　　　　　　　　　　(　　)

7.如果水样中有泥土或其他分散很细的悬浮物,虽经预处理也得不到透明水样时,则只测"表观颜色"。　　　　　　　　　　　　　　　　　　　　(　　)

8.水的 pH 值对颜色有较大的影响,在测定色度时应同时测定 pH 值。在报告水样色度时,应同时报告 pH 值。　　　　　　　　　　　　　　　　　(　　)

三、选择题

1.铂钴比色法测定水的色度时,测定结果以与水样色度最接近的标准溶液的色度表示,在 0~40℃范围内,准确到(　　)度,40~70℃范围内,准确到(　　)℃。

A.5,5　　　　　　B.5,10　　　　　　C.5,15　　　　　　D.10,15

2.(　　)是指除浊度后的颜色。

A.表面颜色　　　　B.表观颜色　　　　C.真实颜色　　　　D.实质颜色

3.铂钴比色法测定水的色度时,将样品采集在容积至少(　　)的玻璃瓶内,并尽快测定。

A.100mL　　　　　B.250mL　　　　　C.500mL　　　　　D.1L

四、问答题

1.说明色度的标准单位——度的物理意义

2.试说出稀释倍数法测定水的色度的原理。

3.试述铂钴经比色法测定水色度的原理。

4.简述铂钴比色法和稀释倍数法测定水的色度分别适用于何种水样。

5.什么是水的"表观颜色"和"真颜色"? 色度测定时二者如何选择? 对色度测定过程中存在的干扰如何消除?

任务 3　地表水 pH 的测定

知识目标

★理解电位法测定 pH 的原理;

★熟悉电位法测定 pH 的方法及其影响因素。

技能目标

◆会使用酸度计；
◆会电位法测定地表水 pH。

职业标准

▼中华人民共和国国家标准，水质 pH 值的测定玻璃电极法（Water Quality—Determination of pH Value Electrode Method），GB 6920—86。
▼中华人民共和国环境保护行业标准，地表水和污水监测技术规范（Technical Specifications Requirements for Monitoring of Surface Water and Waste Water），HJ/T 91—2002。

实训任务

杭州市经济技术开发区"消防主题公园"清源桥断面采样点 pH 值的测定。

实训操作

1　仪器与试剂

pHS-9V 型酸度计，电磁搅拌器，pH 复合电极，50mL 聚乙烯杯。
pH 分别为 4.00、6.86 和 9.18 的三种标准缓冲溶液（25℃），三种未知 pH 的溶液，广泛 pH 试纸。

2　原理

pH 值的实用（操作）定义：

$$\text{pH(试液)} = \text{pH(标准)} + \frac{E(\text{试液}) - E(\text{标准})}{\frac{2.303RT}{F}}$$

$$= \text{pH(标准)} + \frac{[E(\text{试液}) - E(\text{标准})]F}{2.303RT}$$

3　步骤

（1）将酸度计的 pH 键按下，温度补偿器调至溶液的温度。
（2）用 pH 试纸分别判断三种未知溶液的大致 pH，再选择相应的 pH 标准缓冲溶液。

(3)取两个 50mL 烧杯,分别倒入 pH 最大的未知溶液及相对应的标准缓冲溶液,溶液的体积应超过烧杯的体积的一半,放入搅拌磁子。

(4)将复合电极慢慢插入盛有标准缓冲溶液的烧杯中,注意使电极的底部高出磁子 1~1.5cm。

(5)开动搅拌器搅拌 1~2min,将仪器读数定位到标准缓冲溶液的 pH 上。

(6)将电极从 pH 标准缓冲溶液取出,蒸馏水冲洗干净,用滤纸吸干电极下部的水,然后将电极放入未知试液中,开动搅拌器搅拌 1~2min,待电表读数稳定后,可直接读取未知液的 pH。

(7)按上述步骤,依 pH 从大到小的顺序,测定另外一个未知试液的 pH。

4　注意事项

(1)按照仪器使用方法进行准备和测定。

(2)常用的校准仪器用的 pH 值缓冲溶液有三种,即邻苯二甲酸氢钾(25℃时,pH=4.008)、磷酸二氢钾和磷酸二氢钠(25℃时,pH=6.865)、四硼酸钠溶液(25℃时,pH=9.180),目前市场上有袋装试剂出售。为提高测试的准确度,克服"钠差",校准仪器时选用与待测水样 pH 值接近的标准缓冲溶液。

(3)注意温度补偿器的调节。

(4)仪器校准完毕,"定位"和"斜率"旋钮不能再动。

(5)测量完毕,将电极冲洗干净,套上保护帽,帽内放一定量蒸馏水以保持电极球泡的湿润。

待测样品编号	1		2	
测得值				
平均值				
极差				
极差与平均值之比(%)				

5　思　考

(1)测定水样 pH 值时,仪器为何要用标准缓冲溶液校准? 如何校准?

(2)测定水样 pH 值应注意那些问题?

知识链接——pH 值

pH 值是溶液中氢离子活度的负对数,即 $pH=-lga_{H^+}$

pH 值是最常用的水质指标之一。天然水的 pH 值多在 6~9 范围内;饮用水

pH 值要求在 6.5~8.5 之间;某些工业用水的 pH 值必须保持在 7.0~8.5 之间,以防止金属设备和管道被腐蚀。此外,pH 值在废水生化处理、评价有毒物质的毒性等方面也具有指导意义。

pH 值和酸度、碱度既有联系又有区别。pH 值表示水的酸碱性的强弱,而酸度或碱度是水中所含酸或碱物质的含量。同样酸度的溶液,如 0.1mol 盐酸和 0.1mol 乙酸,两者的酸度都是 100mmol/L,但其 pH 值却大不相同。盐酸是强酸,在水中几乎 100%电离,但 pH 为 1;而乙酸是弱酸,在水中的电离度只有 1.3%,其 pH 为 2.9。

测定水的 pH 值的方法有玻璃电极法和比色法。

比色法基于各种酸碱指示剂在不同 pH 的水溶液中显示不同的颜色,而每种指示剂都有一定的变色范围。将系列已知 pH 值的缓冲溶液加入适当的指示剂制成标准色液并封装在小安瓿瓶内,测定时取与缓冲溶液同量的水样,加入与标准系列相同的指示剂,然后进行比较,以确定水样的 pH 值。

该方法不适用于有色、浑浊或含较高游离氯、氧化剂、还原剂的水样。如果粗略地测定水样 pH 值,可使用 pH 试纸。

玻璃电极法(电位法)测定 pH 值是以 pH 玻璃电极为指示电极,饱和甘汞电极为参比电极,并将二者与被测溶液组成原电池,其电动势为:

$$E_{电池} = \varphi_{甘汞} - \varphi_{玻璃}$$

式中:$\varphi_{甘汞}$——饱和甘汞电极的电极电位,不随被测溶液中氢离子活度(a_{H+})变化,可视为定值;

$\varphi_{玻璃}$——pH 玻璃电极的电极电位,随被测溶液中氢离子活度变化。$\varphi_{玻璃}$ 可用能斯特方程式表达,故上式表示为(25℃时):

$$E_{电池} = \varphi_{甘汞} - (\varphi_0 + 0.0591 \mathrm{g} a_{H+}) = K + 0.059 pH$$

可见,只要测知 $E_{电池}$,就能求出被测溶液 pH。在实际测定中,准确求得 K 值比较困难,故不采用计算方法,而以已知 pH 值的溶液作标准进行校准,用 pH 计直接测出被测溶液 pH。

设 pH 标准溶液和被测溶液的 pH 值分别为 pH_s 和 pH_x,其相应原电池的电动势分别为 E_s 和 E_x,则 25℃时:

$$E_s = K + 0.059 pH_s$$

$$E_x = K + 0.059 pH_x$$

两式相减并移项得:

$$pH_x = pH_x + (E_x - E_s)/0.059$$

可见,pH_x 是以标准溶液的 pH_s 为基准,并通过比较 E_x 与 E_s 的差值确定的。25℃条件下,两者之差每变化 59mV,则相应变化 1pH。pH 计的种类虽多,操作方法也不尽相同,但都是依据上述原理测定溶液 pH 值的。

pH 玻璃电极的内阻一般高达几十到几百兆欧,所以与之匹配的 pH 计都是高阻抗输入的晶体管毫伏计或电子电位差计。为校正温度对 pH 测定的影响,pH 计上都设有温度补偿装置。为简化操作,使用方便和适于现场使用,已广泛使用复合 pH 电极,制成多种袖珍式和笔式 pH 计。

玻璃电极测定法准确、快速,受水体色度、浊度、胶体物质、氧化剂、还原剂及盐度等因素的干扰程度小。

知识链接——酸碱度

1 酸度

酸度是指水中所含能与强碱发生中和作用的物质的总量。这类物质包括无机酸、有机酸、强酸弱碱盐等。

地面水中,由于溶入二氧化碳或被机械、选矿、电镀、农药、印染、化工等行业排放的含酸废水污染,使水体 pH 值降低,破坏了水生生物和农作物的正常生活及生长条件,造成鱼类死亡,作物受害。所以,酸度是衡量水体水质的一项重要指标。

测定酸度的方法有酸碱指示剂滴定法和电位滴定法。

1.1 酸碱指示剂滴定法

用标准氢氧化钠溶液滴定水样至一定 pH 值,根据其所消耗的量计算酸度。随所用指示剂不同,通常分为两种酸度:一是用酚酞作指示剂(其变色 pH 为 8.3)测得的酸度,称为总酸度(酚酞酸度),包括强酸和弱酸;二是用甲基橙作指示剂(变色 pH 约 3.7)测得的酸度,称强酸酸度或甲基橙酸度。

酸度的单位在《水和废水监测分析方法》中规定用 $CaCO_3$ mg/L 表示。

1.2 电位滴定法

以 pH 玻璃电极为指示电极,甘汞电极为参比电极,与被测水样组成原电池并接入 pH 计,用氢氧化钠标准溶液滴定至 pH 计指示 4.5 和 8.3,据其相应消耗的氢氧化钠溶液量分别计算两种酸度。

本方法适用于各种水体酸度的测定,不受水样有色、浑浊的限制。测定时应注意温度、搅拌状态、响应时间等因素的影响。

2 碱度

水的碱度是指水中所含能与强酸发生中和作用的物质总量,包括强碱、弱碱、强碱弱酸盐等。

天然水中的碱度主要是由重碳酸盐、碳酸盐和氢氧化物引起的,其中重碳酸盐是水中碱度的主要形式。引起碱度的污染源主要是造纸、印染、化工、电镀等行业排放的废水及洗涤剂、化肥和农药在使用过程中的流失。

碱度和酸度是判断水质和废水处理控制的重要指标。碱度也常用于评价水体的缓冲能力及金属在其中的溶解性和毒性等。

测定水中碱度的方法和测定酸度一样,有酸碱指示剂滴定法和电位滴定法。前者是用酸碱指示剂指示滴定终点,后者是用 pH 计指示滴定终点。

水样用标准酸溶液滴定至酚酞指示剂由红色变为无色(pH8.3)时,所测得的碱度称为酚酞碱度,此时 OH^- 已被中和,CO_3^{2-} 被中和为 HCO_3^-;当继续滴定至甲基橙指示剂由橘黄色变为橘红色时(pH 约 4.4),所测得的碱度称为甲基橙碱度,此时水中的 HCO_3^- 也已被中和完,即全部致碱物质都已被强酸中和完,故又称其为总碱度。

设水样以酚酞为指示剂滴定消耗强酸量为 P,继续以甲基橙为指示剂滴定消耗强酸量为 M,两者之和为 T,则测定水的总碱度时,可能出现下列 5 种情况:

(1)$M=0$(或 $P=T$)

水样对酚酞显红色,呈碱性反应。加入强酸使酚酞变为无色后,再加入甲基橙即呈红色,故可以推断水样中只含氢氧化物。

(2)$P>M$(或 $P>1/2T$)

水样对酚酞显红色,呈碱性。加入强酸至酚酞变为无色后,加入甲基橙显橘黄色,继续加酸至变为红色,但消耗量较用酚酞时少,说明水样中有氢氧化物和碳酸盐共存。

(3)$P=M$

水样对酚酞显红色,加酸至无色后,加入甲基橙显橘黄色,继续加酸至变为红色,两次消耗酸量相等。因 OH^- 和 HCO_3^- 不能共存,故说明水样中只含碳酸盐。

(4)$P<M$(或 $P<1/2T$)

水样对酚酞显红色,加酸至无色后,加入甲基橙为橘黄色,继续加酸至变为红色,但消耗酸量较用酚酞时多,说明水样中是碳酸盐和酸式碳酸盐共存。

(5)$P=0$(或 $M=T$)

此时水样对酚酞无色(pH≤8.3),对甲基橙显橘黄色,说明只含酸式碳酸盐。

根据使用两种指示剂滴定所消耗的酸量,可分别计算出水中的各种碱度和总碱度,其单位常用 mg/L。也可用以 CaCO3 或 CaO 计的 mg/L 表示。

习　题——pH

一、填空题

1.《水质 pH 值的测定玻璃电极法》(GB/T 6920—1986)适于饮用水、地表水及_____ pH 值的测定。

2.水样的 pH 值最好现场测定。否则,应在采样后把样品保持在 0~4℃,并在采样后_____h 内进行测定。

3.常规测定 pH 值所使用的酸度计或离子浓度计,基精度至少应当精确到_____pH 单位。

二、判断题

1.测定某工业废水一个生产周期内 pH 值的方法是:按等时间间隙采样,将多次采集的水样混合均匀,然后测定该混合水样的 pH 值。　　　　　　（　　）

2.存放时间过长的电极,其性能将变差。　　　　　　　　　　　　（　　）

3.玻璃电极法测定 pH 值使用的标准溶液应在 4℃冰箱内存放,用过的标准溶液可以倒回原储液瓶,这样可以减少浪费。　　　　　　　　　　　　（　　）

4.玻璃电极法测定 pH 值时,水的颜色、浊度,以及水中胶体物质、氧化剂及较高含盐量均不干扰测定。　　　　　　　　　　　　　　　　　　（　　）

5.玻璃电极法测定水的 pH 值中,消除钠差的方法是:除了使用特制的低钠差电极外,还可以选用与被测水样的 pH 值相近的标准缓冲溶液对仪器进行校正。

（　　）

三、选择题

1.玻璃电极法测定水的 pH 值时,在 pH 大于 10 的碱性溶液中,因有大量钠离子存在而产生误差,使读数（　　　）,通常称为钠差。

A.偏高　　　　　　　　　B.偏低　　　　　　　　　C.不变

2.玻璃电极法测定水的 pH 值时,温度影响电极的电位和水的电离平衡。需注意调节仪器的补偿装置与溶液的温度一致,并使被测样品与校正仪器用的标准缓冲溶液温度误差在±（　　　）℃之内。

A.1　　　　　　　　　　B.2　　　　　　　　　　C.3

3.通常称 pH 值小于（　　　）的大气降水为酸雨。

A.7.0　　　　　　B.5.6　　　　　　C.4.8　　　　　　　D.6.5

4.大气降水样品若敞开放置,空气中的微生物、（　　　）以及实验室的酸碱性气体等对 pH 值的测定有影响,所以应尽快测定。

A.二氧化碳　　　　　　　B.氧气　　　　　　　　　C.氮气

项目三　地表水水质营养盐指标监测

任务 1　地表水中氨氮含量的测定

✔ **知识目标**

★了解地表水中的含氮化合物；

★了解水中氨氮主要来源；

★理解氨氮含量较高时，对鱼类呈现毒害作用，对人体也有不同程度的危害；

★理解纳氏试剂分光光度法测定氨氮的原理。

👆 **技能目标**

◆会氨氮测定所需水样的采集与保存；

◆会纳氏试剂分光光度法氨氮测定标准曲线制作；

◆会纳氏试剂分光光度法测定地表水中氨氮的含量。

📢 **职业标准**

▼中华人民共和国国家环境保护标准，HJ 535—2009，代替 GB 7479—87，水质氨氮的测定纳氏试剂分光光度法（Water Quality—Determination of Ammonium—Nessler's Reagent Colorimetric Method）。

▼中华人民共和国环境保护行业标准，地表水和污水监测技术规范（Technical Specifications Requirements for Monitoring of Surface Water and Waste Water），HJ/T91—2002。

👤 **实训任务**

杭州市经济技术开发区"消防主题公园"清源桥断面采样点氨态氮含量测定。

实训操作

1　任务原理

氨氮(NH_3-N)以游离氨(NH_3)或铵盐(NH_4^+)形式存在于水中,两者的组成比取决于水的 pH 值和水温。当 pH 值偏高时,游离氨的比例较高。反之,则铵盐的比例高,水温则相反。

当水样带色或浑浊以及含有其他一些干扰物质,影响氨氮的测定。为此,在分析时需作适当的预处理。对较清洁的水,可采用絮凝沉淀法(加适量的硫酸锌于水样中,并加氢氧化钠使成碱性,生成氢氧化锌沉淀,再经过滤除去颜色和浑浊);对污染严重的水或工业废水,则用蒸馏法消除干扰(调节水样的 pH 值使在 6.0~7.4 的范围,加入适量氧化镁使成微碱性,蒸馏释放出的氨被吸收于硫酸或硼酸溶液中。

碘化汞和碘化钾与氨反应生成淡红棕色胶态化合物,此颜色在较宽的波长内具强烈吸收。通常测量用 410~425nm 范围。

在水样中加入碘化汞和碘化钾的强碱溶液(纳氏试剂),则与氨反应生成黄棕色胶态化合物,此颜色在较宽的波长范围内具有强烈吸收,通常使用 420nm 范围波长光比色定量。

本法水样体积 50mL,使用 20mm 比色皿,最低检出浓度 0.025mg/L,测定下限 0.10mg/L,测定上限为 2mg/L。

2　分析仪器

分光光度计;pH 计;20mm 比色皿;50mL 比色管等。

3　分析试剂

(1)纳氏试剂:可任择以下两种方法中的一种配制。

①称取 20g 碘化钾溶于约 100mL 水中,边搅拌边分次少量加入二氯化汞结晶粉末(约 10g),至出现朱红色沉淀不易溶解时,改为滴加饱和二氯化汞溶液,并充分搅拌,当出现微量朱红色沉淀不易溶解时,停止滴加二氯化汞溶液。

另称取 60g 氢氧化钾溶于水,并稀释至 250mL,充分冷却至室温后,将上述溶液在搅拌下,徐徐注入氢氧化钾溶液中,用水稀释至 400mL,混匀。静置过夜。将上清液移入聚乙烯瓶中,密塞保存待用。

②称取 16g 氢氧化钠,溶于 50mL 水中,充分冷却至室温。

　　另称取 7g 碘化钾和 10g 碘化汞溶于水,然后将此溶液在搅拌下徐徐注入氢氧化钠溶液中,用水稀释至 100mL,贮于聚乙烯瓶中,密塞保存待用。

　　(2)酒石酸钾钠溶液:称取 50g 酒石酸钾钠(KNaC$_4$H$_4$O$_6$·4H$_2$O)溶于 100mL 水中,加热煮沸以去除氨,放冷,定容 100mL。

　　(3)铵标准贮备溶液:称取 3.819g 经 100℃干燥过的优级纯氯化铵(NH$_4$Cl)溶于水中,移入 1000mL 容量瓶中,稀释至标线。此溶液每毫升含 1.00mg 氨氮。

　　(4)铵标准使用液:移取 5.00mL 铵标准贮备液于 500mL 容量瓶中,用水稀释至标线。此溶液每毫升含 0.010mg 氨氮。

4　分析步骤

　　(1)标准曲线的制作

　　①吸取 0、0.50、1.00、3.00、5.00、7.00 和 10.00mL 铵标准使用液于 50mL 比色管中,加水至标线,加 1.0mL 酒石酸钾钠溶液,摇匀。加 1.5mL 纳氏试剂,混匀。放置 10min 后,在波长 420nm 处,用光程 20mm 比色皿,以水为参比,测量吸光度。

　　②由测得的吸光度减去空白的吸光度后,得到校正吸光度,以氨氮含量(mg)对校正吸光度的统计回归标准曲线。

　　(2)水样的测定

　　①分取适量经絮凝沉淀预处理后的水样(使氨氮含量不超过 0.1mg),加入 50mL 比色管中,稀释至标线,加 1.0mL 酒石酸钾钠溶液。

　　②分取适量经蒸馏预处理后的馏出液,加入 50mL 比色管中,加一定量 1mol/L 氢氧化钠溶液以中和硼酸,稀释至标线。加 1.5mL 纳氏试剂,混匀。放置 10min 后,同标准曲线制作步骤测量吸光度。

　　(3)空白实验

　　以无氨水代替水样,做全程序空白测定。

5　结果计算

　　由水样测得的吸光度减去空白实验的吸光度后,用标准曲线计算出氨氮含量 m(mg)值,结果计算:

$$氨氮(N,mg/L)=\frac{m}{V}\times 1000$$

式中:m——由标准曲线查得的氨氮量(mg);

　　　　V——水样体积(mL)。

6　注意事项

(1)纳氏试剂中碘化汞与碘化钾的比例,对显色反应的灵敏度有较大影响。静置后生成的沉淀应去除。

(2)滤纸中常含痕量铵盐,使用时注意用无氨水洗涤。所用玻璃器皿应避免实验室空气中氨的玷污。

(3)脂肪胺、芳香胺、醛类、丙酮、醇类和有机氯胺类等有机化合物,以及铁锰镁和硫等无机离子,因产生异色或浑浊而引起干扰,水中颜色和浑浊亦影响比色,因此应进行预处理。

(4)本方法最低检出浓度为 0.025mg/L(光度法),测定上限为 2mg/L。采用目视比色法,最低检出浓度为 0.02mg/L。

(5)水样经适当的预处理后,本法可适用于地表水、地下水、工业废水和生活污水中氨氮的测定。

知识链接——氨氮

1　概述

水体中的氮主要有无机氮和有机氮之分。无机氮包括氨态氮、亚硝酸盐氮和硝态氮。水中的氨氮是指以游离氨(也称非离子氨)和离子氨形式存在的氮。有机氮包括:尿素、氨基酸、蛋白质、核酸、尿酸、脂肪胺、有机碱、氨基糖等含氮有机物。可溶性有机氮主要以尿素和蛋白质形式存在,它可通过氨化等作用转化为氨氮。在好氧和厌氧的条件下有机氮均可矿化成氨氮。蛋白质首先在蛋白分解菌的作用下水解成氨基酸再转化成氨氮。有机氮的矿化温度为 2~65℃,最佳范围为 40~60℃,最佳 pH 值为 7~8。

在自然界中,氮的循环过程是:有机氮和氨氮首先转化为亚硝酸盐,然后再转化为硝酸盐。由氨开始氮转化过程的总反应式:

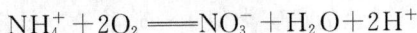

$$NH_4^+ + 2O_2 \longrightarrow NO_3^- + H_2O + 2H^+$$

水体中有机氮和氨氮的总量称为总凯氏氮,常用 TKN 来表示。

2　氨氮污染来源

氨氮来源可分为自然来源和人为来源两种。虽然自然界的有机物可以分解出数量可观的氨(每年约 5.9×10^{10} T),但由于分散、浓度低,未构成对人体的危害;而全世界每年人为排放的氨氮量大约只有 4×10^7 T,但由于它排放浓度高,分布集中而造成了对环境的污染。氨氮主要来源于生活污水中含氮有机物受微生物作用的分解产物。生活污水中平均含氮量每人每年可达 2.5～4.5kg。雨水径流以及农用化肥的流失也是氮的重要来源。此外,氨氮还存在于许多工业废水中,如化工、冶金、石油化工、油漆颜料、煤气、炼焦、鞣革、化肥等。不同种类的氨氮废水中氨氮浓度千变万化,即使同类工业不同工厂,由于原料性质、采用的生产技术、水的消耗量不同,产生的氨氮废水浓度也不同。

3　氨氮污染危害

(1)造成水体富营养化、降低水体观赏价值。含氨氮废水排入水体,特别是流动较缓慢的湖泊,容易引起水体中藻类和微生物的大量繁殖,导致水体富营养化。氨氮污染严重时会使水中溶解氧下降,鱼类大量死亡,水中含 $N>0.2mg/L$,含 $P>0.02mg/L$,水体就会营养化。氨氮对鱼的致死浓度为 0.2～2.0mg/L。水体富营养化后会引起某些藻类的恶性繁殖,一方面有些藻类本身有藻腥味会引起水质恶化使水变得腥臭难闻;另一方面有些藻类所含的蛋白质毒素会富集在水产物体内,并通过食物链影响人体的健康,甚至使人中毒。水体中大量藻类死亡的同时会耗去水中所含的氧气,从而引起水体中鱼虾类等水产物的大量死亡,致使湖泊退化、淤泥化,甚至变浅,变成沼泽地甚至消亡。

通常 1mg 氨氮氧化成硝态氮需消耗 4.6mg 溶解氧。富营养化水质不仅又黑又臭,且透明度也差,仅有 0.2m,往往影响了江河湖泊的观赏和旅游价值。

(2)氨氮还会与氯作用生成氯胺,而氯胺的杀菌效果较差,因此造成给水消毒和工业循环水杀菌处理中增大用氯量,对人体健康产生影响;对某些金属,特别是铜具有腐蚀性;当污水回用时,再生水中的氨氮会促使输水管道和用水设备中的微生物繁殖形成污垢,堵塞管道和用水设备,并影响换热率。由于高浓度氨氮废水对环境危害大,并难于处理,因此高浓度氨氮废水处理技术一直是国内外水处理研究的焦点。

(3)氨氮对水生物起危害作用的主要是游离氨,其毒性比铵盐大几十倍,并随碱性的增强而增大。氨氮毒性与池水的 pH 值及水温有密切关系,一般情况,pH值及水温愈高,毒性愈强,对鱼的危害类似于亚硝酸盐。氨氮对水生物的危害有急性和慢性之分。慢性氨氮中毒危害为:摄食降低,生长减慢,组织损伤,降低氧在组织间的输送。鱼类对水中氨氮比较敏感,当氨氮含量高时会导致鱼类死亡。急性氨氮中毒危害为:水生物表现为亢奋、在水中丧失平衡、抽搐,严重者甚至死亡。氨氮在水中微生物作用下转变为硝态氮和亚硝态氮,对人体有毒害作用。硝态氮进入人体后,能通过酶系统还原为亚硝态氮,轻则引起高铁血红蛋白病,重则使婴儿死亡。硝态氮和亚硝态氮均为强致癌物质亚硝基化合物的前体物质,有致癌、致突变、致畸的性质,对人体危害严重。

4 氨氮测定

测定水中氨氮的方法有:纳氏试剂分光光度法、水杨酸-次氯酸盐分光光度法、氨气敏电极法、流动注射法、离子色谱法、气相分子光谱吸收法、酶法和容量法等。水样有色或浑浊及含其他干扰物质影响测定,需进行预处理。对较清洁的水,可采用絮凝沉淀法消除干扰;对污染严重的水或废水应采用蒸馏法。

采用纳氏比色法或酸滴定法时,以硼酸溶液为吸收液;采用水杨酸-次氯酸盐比色法时,则以硫酸溶液为吸收液。

4.1 水杨酸-次氯酸盐分光光度法(HJ536—2009,替代 GB 7481—87)

本法适用于地下水、地表水、生活污水和工业废水中氨氮的测定。当取样体积为 8.0mL,使用 10mm 比色皿时,检出限为 0.01mg/L,测定下限为 0.04mg/L,测定上限为 1.0mg/L(均以 N 计)。当取样体积为 8.0mL,使用 30mm 比色皿时,检出限为 0.004mg/L,测定下限为 0.016mg/L,测定上限为 0.25mg/L(均以 N 计)。

在碱性介质(pH=11.7)和亚硝基铁氰化钠存在下,水中的氨、铵离子与水杨酸盐和次氯酸离子反应生成蓝色化合物,在 697nm 处用分光光度计测量吸光度。

苯胺和乙醇胺产生的严重干扰不多见,干扰通常由伯胺产生。氯胺、过高的酸度、碱度以及含有使次氯酸根离子还原的物质时也会产生干扰。如果水样的颜色过深、含盐量过多,酒石酸钾盐对水样中的金属离子掩蔽能力不够,或水样中存在高浓度的钙、镁和氯化物时,需要预蒸馏。

4.2 蒸馏和滴定法(HJ537—2009,替代 GB 7478—87)

调节水样的 pH 值在 6.0~7.4,加入轻质氧化镁使呈微碱性,蒸馏释出的氨用硼酸溶液吸收。以甲基红-亚甲蓝为指示剂,用盐酸标准溶液滴定馏出液中的氨氮(以 N 计)。

本法条件下可以蒸馏出来的能够与酸反应的物质均干扰测定。例如,尿素、挥发性胺和氯化样品中的氯胺等。

本法适用于生活污水和工业废水中氨氮的测定。当试样体积为 250mL 时,方法的检出限为 0.05mg/L(均以 N 计)。

4.3 气相分子光谱吸收法(HJ/T195—2005)

气相分子吸收光谱法是在规定的分析条件下,将待测成分转变成气体分子载入测量系统,测定其对特征光谱吸收的方法。

水样在 2%~3%酸性介质中,加入无水乙醇煮沸除去亚硝酸盐等干扰,用次溴酸盐氧化剂将氨及铵盐(0~50μg)氧化成等量亚硝酸盐,以亚硝酸盐氮的形式采用气相分子吸收光谱法测定氨氮的含量。

本法适用于地表水、地下水、海水、饮用水、生活污水及工业污水中氨氮的测定。方法的最低检出限为 0.020mg/L,测定下限 0.080mg/L,测定上限 100mg/L。

4.4　氨气敏电极法

氨气敏电极为一复合电极,环境玻璃电极为指示电极,银-氯化银电极为参比电极,以此电极置于盛有 0.1mol/L 氯化铵内充液的塑料套管中,并装有气敏膜。当水样中加入离子调节剂,氨氮在 pH>11 的环境下转化为氨,生成的氨由扩散作用通过气敏膜(水和其他离子则不能通过),氨气进入内充液后,有氨水和铵根离子的电离平衡,氨气的产生使反应向右移动,结果内充液的离子的电离平衡,氨气的产生使反应向右移动,结果内充液的 pH 随氨的进入而增高,由 pH 玻璃电极测得其变化,在恒定的离子强度、温度、性质及电极参数下测得的电动势与水样中氨浓度符合能斯特方程。由此可从测得样品的电位值,确定样品中氨氮的含量。氨气敏电极法不受色度、浊度及悬浮物的影响,操作简便、线性范围宽,目前广泛应用于水站的自动监测中。

4.5　离子色谱法

离子色谱法是将氨氮全部转化为铵盐,通过阳离子交换树脂和电导检测器进行分离和分析的技术,具有操作简便、干扰少、灵敏度高的优点,适分离分析比较复杂的样品,目前已成功地应用于各种水样中氨氮的分析。

4.6　酶法

酶法是基于谷氨酸脱氢酶催化下列反应:

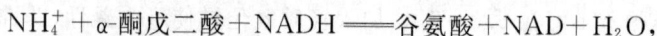

$$NH_4^+ + \alpha\text{-酮戊二酸} + NADH \Longrightarrow 谷氨酸 + NAD + H_2O,$$

通过测定还原型烟酸胺腺嘌呤二核苷酸(NADH)吸光度的变化率,得出其酶促反应速度,对应不同 NH_4Cl 浓度制得的标准曲线,从而测得水样中的氨氮含量。酶法具有简便准确、专一性、测定成分浓度范围宽等优点。

习　题——氨氮(非离氨)

一、填空题

1.纳氏试剂比色法测定水中氨氮时,为除去水样色度和浊度,可采用_____法和_____法。

2.纳氏试剂比色法测定水中氨氮时,水样中如含余氯可加入适量_____去除,金属离子干扰可加入_____去除。

3.纳氏试剂比色法测定水中氨氮时,纳氏试剂是用_____、_____和 KOH 试剂配制而成,且两者的比例对显色反应的灵敏度影响较大。

4. 纳氏试剂比色法测定水中氨氮的方法原理是：氨与钠氏试剂反应，生成_____色胶态化合物，此颜色在较宽的波长内具强烈吸收，通常在 410～425nm 下进行测定。

5. 水杨酸分光光度法测定水中铵时，在亚硝基铁氰化钠存在下，铵与水杨酸盐和次氯酸离子反应生成_____色化合物，在 697nm 具有最大吸收。

6. 测定水中铵的水杨酸分光光度法的最低检出浓度为_____ mg/L；测定上限为_____ mg/L。

7. 水杨酸分光光度法测定水中铵，采用蒸馏法预处理水样时，应以_____溶液为吸收液，显色前加_____溶液调节到中性。

8. 水杨酸分光光度法测定水中铵时，显色剂的配制方法为：分别配制水杨酸和酒石酸钾钠溶液，将两溶液合并后定容，如果水杨酸未能全部溶解，可再加入_____溶液直至全部溶解为止，最后溶液的 pH 值为_____。

二、判断题

1. 水中存在的游离氨(NH_3)和铵盐(NH^{4+})的组成比取决于水的 pH 值，当 pH 值偏高时，游离氨的比例较高，反之，则铵盐的比例高。　　　　　（　　）

2. 水中氨氮是指以游离氨(NH_3)或有机氨化合物形式存在氮。　（　　）

3. 用《水质铵的测定钠氏试剂比色法》(GB/T 7479—1987)测定氨氮时，方法的最低检出浓度是 0.01mg/L。　　　　　　　　　　　　　　　（　　）

4. 水中非离子氨是指存在于水体中的游离态氨。　　　　　　（　　）

5.《水质氨的测定水杨酸光度法》(GB/T 17481—1987)中，自行制备的次氯酸钠溶液，经标定后应存放于无色玻璃瓶内。　　　　　　　　　　（　　）

6. 水杨酸分光光度法测定水中铵时，酸度和碱度过高都会干扰显色化合物的形成。　　　　　　　　　　　　　　　　　　　　　　　　（　　）

7. 水杨酸分光光度法测定水中铵，当水样含盐量高，试剂酒石酸盐掩蔽能力不够时，钙镁产生沉淀不影响测定。　　　　　　　　　　　　　（　　）

8. 水杨酸分光光度法测定水中铵时，水样采集后储存在聚乙烯瓶或玻璃瓶内可保存一周。　　　　　　　　　　　　　　　　　　　　　　（　　）

三、选择题

1. 钠氏试剂比色法测定氨氮时，如水样浑浊，可于水样中加入适量（　　）。
A. $ZnSO_4$ 和 HCl　　　　　B. $ZnSO_4$ 和 NaOH　　　　C. $SnCl_2$ 和 NaOH

2. 钠氏试剂比色法测定水中氨氮时，在显色前加入酒石酸钾钠的作用是（　　）。
A. 使显色完全　　　　　B. 调节 pH　　　　　C. 消除金属离子的干扰

3. 钠氏试剂比色法测定水中氨氮，配制钠氏试剂时进行如下操作，在搅拌下，将二氯化汞溶液分次少量地加入到碘化钾溶液中，直至（　　）。
A. 产生大量朱红色沉淀为止
B. 溶液变黄为止

C. 微量朱红色沉淀不再溶解时为止

D. 将配好的氯化汞溶液加完为止

4. 水杨酸分光光度法测定水中铵时,如果水样的颜色过深或含盐过多,则应用
(   )预处水样。

A. 蒸馏法　　　　　　　　B. 絮凝沉淀

四、问答题

1. 纳氏试剂比色法测定水中氨氮时,常见的干扰物质有哪些?

2. 纳氏试剂比色法测定水中氨氮时,水样中的余氯为什么会干扰氨氮测定?
如何消除?

3. 纳氏试剂比色法测定水中氨氮时,取水样 50.0mL,测得吸光度为 1.02,校准曲线的回归方程为 $y=0.1378x$(x 指 50mL 溶液中含氨氮的微克数)。应如何处理才能得到准确的测定结果?

4. 纳氏试剂比色法测定水中氨氮时,水样采集后应如何保存?

5. 试指出用纳氏试剂比色法测定水中氨氮时,如果水样浑浊,下面的操作过程中是否有不完善或不正确之处,并加以说明:加入硫酸锌和氢氧化钠溶液,沉淀,过滤于 50mL 比色管中,废弃 25mL 初滤液,吸取摇匀后的酒石酸钾钠溶液 1mL,纳氏试剂 1.5mL 于比色管中显色。同时取无氨水于 50mL 比色管中,按显色步骤显色后作为参比。

6. 怎样制备无氨水?

五、计算题

纳氏试剂比色法测定某水样中氨氮时,取 10.0mL 水样于 50mL 比色管中,加水至标线,加 1.0mL 酒石酸钾钠溶液和 1.5mL 纳氏试剂。比色测定,从校准曲线上查得对应的氨氮量为 0.0180mg。试求水样中氨氮的含量。(mg/L)

任务 2　地表水中亚硝酸盐氮含量的测定

知识目标

★ 了解水中亚硝态氮主要来源及对生物和人的危害;

★ 了解地表水中亚硝态氮含量对环境的影响;

★ 理解分光光度法测定亚硝态氮原理及方法。

技能目标

◆ 会亚硝态氮测定水样的采集与保存;

◆会分光光度法测定亚硝态氮标准曲线的制作；

◆会分光光度法测定地表水中亚硝态氮的含量。

职业标准

▼中华人民共和国国家标准，水质亚硝酸盐氮的测定分光光度法（Water Quality—Determination of Nitrogen（Nitrite）—Spectrophotometric Method），GB 7493—87。

▼中华人民共和国环境保护行业标准，地表水和污水监测技术规范（Technical Specifications Requirements for Monitoring of Surface Water and Waste Water），HJ/T91—2002。

实训任务

杭州市经济技术开发区"消防主题公园"清源桥断面采样点亚硝酸盐氮的测定。

实训操作

1 适用范围

本法适用于用分光光度法测定饮用水、地下水、地面水及废水中亚硝酸盐氮的方法。

1.1 测定上限

当试份取最大体积（50mL）时，用本方法可以测定亚硝酸盐氮浓度高达 0.20mg/L。

1.2 最低检出浓度

采用光程长为10mm的比色皿，试份体积为50mL，以吸光度0.01单位所对应的浓度值为最低检出限浓度，此值为0.003mg/L。

采用光程长为30mm的比色皿，试份体积为50mL，最低检出浓度为 0.001mg/L。

1.3 灵敏度

采用光程长为10mm的比色皿，试份体积为50mL时，亚硝酸盐氮浓度 $c_N = 0.20mg/L$，给出的吸光度约为0.67单位。

1.4 干扰

当试样 pH$\geqslant$11 时，可能遇到某些干扰，遇此情况，可向试份中加入酚酞溶液

(3.12)1滴,边搅拌边逐滴加入磷酸溶液(3.4),至红色刚消失。经此处理,则在加入显色剂后,体系 pH 值为 1.8±0.3,而不影响测定。

试样如有颜色和悬浮物,可向每 100mL 试样中加入 2mL 氢氧化铝悬浮液(3.9),搅拌,静置,过滤,弃去 25mL 初滤液后,再取试份测定。

水样中常见的可能产生干扰物质的含量范围参见附录1。其中氯胺、氯、硫代硫酸盐、聚磷酸钠和三价铁离子有明显干扰。

2　原理

在磷酸介质中,pH 值为 1.8 时,试份中的亚硝酸根离子与 4-氨基苯磺酰胺(4-amino benzene sulfonamide)反应生成重氮盐,它再与 N-(1-萘基)-乙二胺二盐酸盐[N-(1-naphthy), 2-diamino ethane dihydrochloride]偶联生成红色染料,在 540nm 波长处测定吸光度。

如果使用光程长为 10mm 的比色皿,亚硝酸盐氮的浓度在 0.2mg/L 以内其呈色符合比尔定律。

3　试剂

在测定过程中,除非另有说明,均使用符合国家标准或专业标准的分析纯试剂,实验用水均为无亚硝酸盐的二次蒸馏水。

3.1　实验用水

采用下列方法之一进行制备:

(1)加入高锰酸钾结晶少许于 1L 蒸馏水中,使成红色,加氢氧化钡(或氢氧化钙)结晶至溶液呈碱性,使用硬质玻璃蒸馏器进行蒸馏,弃去最初的 50mL 馏出液,收集约 700mL 不含锰盐的馏出液,待用。

(2)于 1L 蒸馏水中加入硫酸(3.3)1mL、硫酸锰溶液[100mL 水中含有 36.49 硫酸锰($MnSO_4 \cdot H_2O$)]0.2mL,滴加 0.04%(V/V)高锰酸钾溶液至呈红色(约 1～3mL),使用硬质玻璃蒸馏器进行蒸馏,弃去最初的 50mL 馏出液,收集约 700mL 不含锰盐的馏出液,待用。

3.2　磷酸

15mol/L,ρ=1.70g/mL。

3.3　硫酸

18mol/L,ρ=1.84g/mL。

3.4　磷酸

1+9 溶液(1.5mol/L)。溶液至少可稳定 6 个月。

3.5　显色剂

500mL 烧杯内置入 250mL 水和 50mL 磷酸(3.2),加入 20.0g 4-氨基苯磺酰胺($NH_2C_6H_4SO_2NH_2$)。再将 1.00g N-(1-萘基)-乙二胺二盐酸盐($C_{10}H_7NHC_2H_4NH_2 \cdot 2HCl$)溶于上述溶液中,转移至 500mL 容量瓶中,用水稀至标线,摇匀。此溶液贮存于棕色试剂瓶中,保存在 2~5℃,至少可稳定一个月。

注:本试剂有毒性,避免与皮肤接触或吸入体内。

3.6　亚硝酸盐氮标准贮备溶液:(c_N=250mg/L)

(1)贮备溶液的配制

称取 1.232g 亚硝酸钠($NaNO_2$),溶于 150mL 水中,定量转移至 1000mL 容量瓶中,用水稀释至标线,摇匀。本溶液贮存在棕色试剂瓶中,加入 1mL 氯仿,保存在 2~5℃,至少稳定一个月。

(2)贮备溶液的标定

在 300mL 具塞锥形瓶中,移入高锰酸钾标准溶液(3.10)50.00mL、硫酸(3.3)5mL,用 50mL 无分度吸管,使下端插入高锰酸钾溶液液面下,加入亚硝酸盐氮标准贮备溶液 50.00mL,轻轻摇匀,置于水浴上加热至 70~80℃,按每次 10.00mL 的量加入足够的草酸钠标准溶液,使高锰酸钾标准溶液褪色并使过量,记录草酸钠标准溶液用量 V_2,然后用高锰酸钾标准溶液滴定过量草酸钠至溶液呈微红色,记录高锰酸钾标准溶液总用量 V_1。

再以 50mL 实验用水代替亚硝酸盐氮标准贮备溶液,如上操作,用草酸钠标准溶液标定高锰酸钾溶液的浓度 c_1。

高锰酸钾标准溶液浓度 c_1(1/5$KMnO_4$ mol/L)的计算公式为:

$$c_1 = 0.0500 \times V_4/V_3 \tag{1}$$

式中:V_3——滴定实验用水时加入高锰酸钾标准溶液总量(mL);

V_4——滴定实验用水时加入草酸钠标准溶液总量(mL);

0.0500——草酸钠标准溶液浓度 c(1/2$Na_2C_2O_4$)(mol/L)。

亚硝酸盐氮标准贮备溶液的浓度 c_N(mg/L):

$$c_N = (V_1c_1 - 0.0500V_2) \times 7.00 \times 1000/50.00 = 140V_1c_1 - 7.00V_2 \tag{2}$$

式中:V_1——滴定亚硝酸盐氮标准贮备溶液时加入高锰酸钾标准溶液总量(mL);

V_2——滴定亚硝酸盐氮标准贮备溶液时加入草酸钠标准溶液总量(mL);

c_1——经标定的高锰酸钾标准溶液的浓度(mol/L);

7.00——亚硝酸盐氮(1/2N)的摩尔质量;

50.00——亚硝酸盐氮标准贮备溶液取样量(mL);

0.0500——草酸钠标准溶液浓度 $c(1/2Na_2C_2O_4)$(mol/L)。

3.7　亚硝酸盐氮中间标准液:$c_N=50.0$mg/L

取亚硝酸盐氮标准贮备溶液(3.6)50.00mL 置 250mL 容量瓶中,用水稀释至标线,摇匀。此溶液贮于棕色瓶内,保存在 2~5℃,可稳定一星期。

3.8　亚硝酸盐氮标准工作液:$c_N=1.00$mg/L

取亚硝酸盐氮中间标准液(3.7)10.00mL 于 500mL 容量瓶内,用水稀释至标线,摇匀。此溶液使用时,当天配制。

注:亚硝酸盐氮中间标准液和标准工作液的浓度值,应采用贮备溶液标定后的准确浓度的计算值。

3.9　氢氧化铝悬浮液

溶解 125g 硫酸铝钾[$KAl(SO_4)_2 \cdot 12H_2O$]或硫酸铝铵[$NH_4Al(SO_4)_2 \cdot 12H_2O$]于 1L 一次蒸馏水中,加热至 60℃,在不断搅拌下,徐徐加入 55mL 浓氢氧化铵,放置约 1h 后,移入 1L 量筒内,用一次蒸馏水反复洗涤沉淀,最后用实验用水洗涤沉淀,直至洗涤液中不含亚硝酸盐为止。澄清后,把上清液尽量全部倾出,只留稠的悬浮物,最后加入 100mL 水。使用前应振荡均匀。

3.10　高锰酸钾标准溶液:$c(1/5KMnO_4)=0.050$mol/L

溶解 1.6g 高锰酸钾($KMnO_4$)于 1.2L 水中(一次蒸馏水),煮沸 0.5~1h,使体积减少到 1L 左右,放置过夜,用 G-3 号玻璃砂芯滤器过滤后,滤液贮存于棕色试剂瓶中避光保存。高锰酸钾标准溶液浓度按 3.6 节中第二段所述方法进行标定和计算。

3.11　草酸钠标准溶液:$c(1/2Na_2C_2O_4)=0.0500$mol/L

溶解经 105℃烘干 2h 的优级纯无水草酸钠($Na_2C_2O_4$)3.3500±0.0004g 于 750mL 水中,定量转移至 1000mL 容量瓶中,用水稀释至标线,摇匀。

3.12　酚酞指示剂:$c=10$g/L

0.5g 酚酞溶于 95%(V/V)乙醇 50mL 中。

4　仪器

所有玻璃器皿都应用 2mol/L 盐酸仔细洗净,然后用水彻底冲洗。

常用实验室设备及分光光度计。

5　采样和样品

5.1　采样和样品保存

实验室样品应用玻璃瓶或聚乙烯瓶采集,并在采集后尽快分析,不要超过 24h。

若需短期保存(1~2 天),可以在每升实验室样品中加入 40mg 氯化汞,并保存于 2~5℃。

5.2　试样的制备

实验室样品含有悬浮物或带有颜色时,需按照 1.4 第二段所述的方法制备试样。

6　步骤

6.1　试份

试份最大体积为 50.0mL,可测定亚硝酸盐氮浓度高至 0.20mg/L。浓度更高时,可相应用较少量的样品或将样品进行稀释后,再取样。

6.2　测定

用无分度吸管将选定体积的试份移至 50mL 比色管(或容量瓶)中,用水稀释至标线,加入显色剂(3.5)1.0mL,密塞,摇匀,静置,此时 pH 值应为 1.8±0.3。

加入显色剂 20min 后、2h 以内,在 540nm 的最大吸光度波长处,用光程长 1.0mm 的比色皿,以实验用水做参比,测量溶液吸光度。

注:最初使用本方法时,应校正最大吸光度的波长,以后的测定均应用此波长。

6.3　空白试验

按 6.2 所述步骤进行空白试验,用 50mL 水代替试份。

6.4　色度校正

如果实验室样品经 5.2 的方法制备的试样还具有颜色时,按 6.2 所述方法,从试样中取相同体积的第二份试样,进行测定吸光度,只是不加显色剂(3.5),改加磷酸(3.4)1.0mL。

6.5　校准

在一组六个 50mL 比色管（或容量瓶）内，分别加入亚硝酸盐氮标准工作液（3.8）0、1.00、3.00、5.00、7.00 和 10.00mL，用水稀释至标线，然后按 6.2 第二段开始到末了叙述的步骤操作。

从测得的各溶液吸光度，减去空白试验吸光度，得校正吸光度 Ar，绘制以氮含量（μg）对校正吸光度的校准曲线，亦可按线性回归方程的方法，计算校准曲线方程。

7　结果表示

7.1　计算方法

试份溶液吸光度的校正值 A_r 计算公式为：

$$A_r = As - A_b - Ac \qquad (3)$$

式中：As——试份溶液测得吸光度；

　　　A_b——空白试验测得吸光度；

　　　Ac——色度校正测得吸光度。

由校正吸光度 A_r 值，从校准曲线上查得（或由校准曲线方程计算）相应的亚硝酸盐氮的含量 m_N（μg）。

试份的亚硝酸盐氮浓度计算公式为：

$$c_N = m_N / V \qquad (4)$$

式中：c_N——亚硝酸盐氮浓度（mg/L）；

　　　m_N——相应于校正吸光度 Ar 的亚硝酸盐氮含量（μg）；

　　　V——取试份体积（mL）。

试份体积为 50mL 时，结果以三位小数表示。

7.2　精密度和准确度

取平行双样测定结果的算术平均值为测定结果。

🔲 **知识链接**——**亚硝酸盐氮**

1　概述

亚硝酸盐氮是指亚硝酸离子的含氮化合物。亚硝酸氮是水中含氮化合物的代谢中间产物，也是水污染的重要标志物，因此亚硝酸氮的检测是水质分析中的重要项目。水中亚硝酸氮的含量虽然相对不高,但是其毒性很强,尤其还具有致癌作用,因此是人们非常关心的检测指标。

亚硝酸盐氮性质不够稳定,在不同的水质环境条件中可被氧化为硝酸盐,也可被还原成氨,故采集水样后应尽快分析测定。因此,各类水质中亚硝酸盐氮的准确测定,是正确进行水体评价和判断水能否直接饮用的重要科学依据。

2　亚硝酸盐氮来源

亚硝酸盐氮广泛存在于各类水环境中,人类长期饮用亚硝酸盐氮含量较高的水,会损害人体健康。生活污水中含氮有机物受微生物作用的分解产物,以及农田排水。城市生活污水中的食品残渣等含氮有机物在微生物的分解作用下产生氨氮,还有农作物生长过程中以及氮肥的使用也会产生氨氮,并随着污水排入城市的污水处理厂或直接排入水体中。

氨和亚硝酸盐可以互相转化,水中的氨在氧的作用下可以生成亚硝酸盐,并进一步形成硝酸盐。同时,水中的亚硝酸盐也可以在厌氧条件下受微生物作用转化为氨。

3　亚硝酸盐氮污染危害

亚硝酸盐在体内会代谢生成致癌的亚硝胺危害人体健康;硝酸盐却是对生命必不可少的,但浓度高时也会对人体有害,因为生物会将其转变成亚硝酸盐,人体摄入的硝酸盐含量过高可能使血液中的变性蛋白增加;在环境监测中,水体中的硝酸盐、亚硝酸盐能够引起生物生长、生殖发生变化。

水中的氨氮可以在一定条件下转化成亚硝酸盐,如果长期饮用,水中的亚硝酸盐将和蛋白质结合形成亚硝胺,这是一种强致癌物质,对人体健康极为不利。

4　亚硝酸盐氮测定方法

4.1　气相分子吸收光谱法(HJ/T197—2005)

本法适用于地表水、地下水、海水、饮用水、生活污水及工业污水中亚硝酸盐氮的测定。使用 213.9nm 波长,方法的最低检出限为 0.003mg/L,测定下限 0.012mg/L,测定上限 10mg/L;在波长 297.5nm 处,测定上限可达 500mg/L。

在规定的分析条件下,将待测成分转变成气态分子载入测量系统,测定其对特征光谱吸收的方法。在 0.15~0.3mol/L 柠檬酸介质中,加入乙醇作催化剂,将亚硝酸盐瞬间转化成的 NO_2,用空气载入气相分子吸收光谱仪的吸光管中,在 213.9nm 波长处测得的吸光度与亚硝酸盐氮浓度遵守比耳定律。

4.2　离子色谱法

本法利用离子交换的原理,连续对多种阴离子进行定性和定量分析。水样注入碳酸盐和碳酸氢盐溶液并流经系列的离子交换树脂,基于待测阴离子对低容量强碱性阴离子树脂(分离柱)的相对亲和力不同而彼此分开。被分离的阴离子,在流经强酸性阳离子树脂(抑制柱)时,被转换为高电导的酸型,碳酸盐——碳酸氢盐则转变成弱电导的碳酸(清除背景电导)。用电导检测器测量被转变为相应酸型的阴离子,与标准进行比较,根据保留时间定性,峰高或峰面积定量。

方法的测定下限一般为 0.1mg/L。当进样量为 $100\mu L$,用 $10\mu S$ 满刻度电导检测器时,F^- 为 0.02mg/L(以下均用 mg/L);Cl^- 0.04;NO_2^- 0.05;NO^{3-} 0.10;Br^- 0.15;$PO4^{3-}$ 0.20;SO_4^{2-} 0.10。

任何与待测阴离子保留时间相同的物质均干扰测定。待测离子的浓度在同一数量级可准确定量。淋洗位置相近的离子浓度相差太大,不能准确测定。当 Br^- 和 NO^{3-} 离子彼此间浓度相差 10 倍以上时不能定量。采用适当稀释或加入标准的方法等方法可以达到定量的目的。高浓度的有机酸对测定有干扰。水能形成负峰或使峰高降低或倾斜,在 F^- 和 Cl^- 间经常出现,采用淋洗液配制标准和稀释样品可以消除水负峰的干扰。本方法可以连续测定饮用水、地面水、地下水、雨水中的 F^-、Cl^-、Br^-、NO^{2-}、NO^{3-}、PO_4^{3-} 和 SO_4^{2-}。

> **知识链接**——硝酸盐氮、总氮、凯氏氮

1　硝酸盐氮测定

硝酸盐是在有氧环境中最稳定的含氮化合物,也是含氮有机化合物经无机化作用最终阶段的分解产物。清洁的地面水中硝酸盐氮含量较低,受污染水体和一些深层地下水中硝酸盐氮含量较高。

水中硝酸盐的测定方法有:酚二磺酸分光光度法、镉柱还原法、戴氏合金还原法、离子色谱法、紫外分光光度法和离子选择电极法等。

1.1　酚二磺酸分光光度法(GB 7480—87)

硝酸盐在无水存在情况下与酚二磺酸反应,生成硝基二磺酸酚,于碱性溶液中又生成黄色的化合物,在 410nm 处测其吸光度。此法测量范围广,显色稳定,适用于测定饮用水、地下水、清洁地面水中的硝酸盐氮。

最低检出浓度为 0.02mg/L,测定上限为 2.0mg/L。

1.2　紫外分光光度法(HJ/T346—2007)

本法适用于地表水、地下水中硝酸盐氮的测定。方法最低检出质量浓度为

0.08mg/L,测定下限为 0.32mg/L,测定上限为 4mg/L。

利用硝酸根离子在 220nm 波长处的吸收而定量测定硝酸盐氮。溶解的有机物在 220nm 处也会有吸收,而硝酸根离子在 275nm 处没有吸收。因此,在 275nm 处做另一次测量,以校正硝酸盐氮值。

溶解的有机物、表面活性剂、亚硝酸盐氮、六价铬、溴化物、碳酸氢盐和碳酸盐等干扰测定,需进行适当的预处理。本法采用絮凝共沉淀和大孔中性吸附树脂进行处理,以排除水样中大部分常见有机物、浊度和 Fe^{3+}、Cr^{6+} 对测定的干扰。

1.3　气相分子吸收光谱法(HJ/T198—2005)

本法适用于地表水、地下水、海水、饮用水、生活污水及工业污水中硝酸盐氮的测定。方法的检出限为 0.006mg/L,测定下限 0.03mg/L,测定上限 10mg/L。

在规定的分析条件下,将待测成分转变成气态分子载入测量系统,测定其对特征光谱吸收的方法。在 2.5mol/L 盐酸介质中,于 70±2℃ 温度下,三氯化钛可将硝酸盐迅速还原分解,生成的 NO 用空气载入气相分子吸收光谱仪的吸光管中,在 214.4nm 波长处测得的吸光度与硝酸盐氮浓度遵守比耳定律。

一般用玻璃瓶或聚乙烯瓶采集水样。采集的水样用稀硫酸酸化至pH<2,在 24h 内测定。NO_2^- 的正干扰,可加 2 滴 10% 氨基磺酸使之分解生成 N_2 而消除;SO_3^{2-} 及 $S_2O_3^{2-}$ 的正干扰,用稀 H_2SO_4 调成弱酸性,加入 0.1% 高锰酸钾氧化生成 SO_4^{2-} 直至产生二氧化锰沉淀,取上清液测定;含高价态阳离子,应增加三氯化钛用量至溶液紫红色不褪,取上清液测定;水样中含有产生吸收的有机物时,加入活性炭搅拌吸附,30min 后取样测定。

1.4　镉柱还原法

在一定条件下,将水样通过镉还原柱,使硝酸盐还原为亚硝酸盐,然后用 N-(1-萘基)-乙二胺分光光度法测定。由测得的总亚硝酸盐氮减去不经还原水样所含亚硝酸盐氮即为硝酸盐氮含量。

此法适用于测定硝酸盐氮含量较低的饮用水、清洁地面水和地下水。测定范围为 0.01~0.4mg/L。

1.5　戴氏合金法

水样在热碱性介质中,硝酸盐被戴氏合金还原为氨,经蒸馏,馏出液以硼酸溶液吸收后,用纳氏试剂分光光度法测定,含量较高时,用酸碱滴定法测定。

本法操作较繁琐,适用于测定硝酸盐氮大于 2mg/L 的水样。其最大优点是可以测定带深色的严重污染的水及含大量有机物或无机盐的废水中的硝酸盐氮。

2　总氮测定

总氮包括有机氮和无机氮化合物(氨氮、亚硝酸盐氮和硝酸盐氮)。水体总氮含量是衡量水质的重要指标之一。

2.1　碱性过硫酸钾消解紫外分光光度法(HJ636—2012,代替 GB 11894—89)

本法适用于地表水、地下水、生活污水及工业污水中总氮的测定。当样品量为 10mL 时,方法的检出限为 0.05mg/L(以 N 计),测定范围下限 0.20~7.00mg/L。

在 120~124℃下,碱性过硫酸钾溶液使水样中氨、铵盐、亚硝酸盐以及大部分有机氮化合物氧化成硝酸盐后,采用紫外分光光度法于波长 220nm 和 275nm 处,分别测定 A_{220} 和 A_{275},校正吸光度 A 按下式计算,总氮(以 N 计)含量与校正吸光度成正比:

$$A = A_{220} - A_{275}$$

2.2　连续流动-盐酸萘乙二胺分光光度法(HJ667—2013)

本法适用于地表水、地下水、生活污水及工业污水中总氮的测定。检测光程 30mm 时,方法的检出限为 0.04mg/L(以 N 计),测定范围下限 0.16~10mg/L。

连续流动分析仪工作原理:试样与试剂在蠕动泵的推动下进入化学反应模块,在密闭的管路中连续流动,被气泡按一定间隔规律隔开,并按特定的顺序和比例混合、反应,显色完全后进入流动检测池进行光度检测。

在碱性介质中,试样中的含氮化合物在 107~110℃、紫外线照射下,被过硫酸钾氧化为硝酸盐后,经镉柱还原为亚硝酸盐。在酸性介质中,亚硝酸盐和磺胺进行重氮化反应后与盐酸萘乙二胺偶联生成紫红色化合物,于波长 540nm 处测量吸光度。

2.3　流动注射-盐酸萘乙二胺分光光度法(HJ668—2013)

本法适用于地表水、地下水、生活污水及工业污水中总氮的测定。检测光程 10mm 时,方法的检出限为 0.03mg/L(以 N 计),测定范围下限 0.12~10mg/L。

流动注射分析仪工作原理:在封闭的管路中,将一定体积的试样注入连续流动的载体液中,试样和试剂在化学反应模块中按特定的顺序和比例混合、反应,在非完全反应的条件下,进入流动检测池进行光度检测。

在碱性介质中,试样中的含氮化合物在 95±2℃、紫外线照射下,被硫酸钾溶液氧化为硝酸盐后,经镉柱还原为亚硝酸盐;在酸性介质中,亚硝酸盐与磺胺进行重氮化反应后与盐酸萘乙二胺偶联生成紫红色化合物,于波长 540nm 处测量吸光度。

2.4　气相分子吸收光谱法（HJ/T 199—2005）

气相分子吸收光谱法，在规定的分析条件下，将待测成分转变成气态分子载入测量系统，测定其对特征光谱吸收的方法。

本法适用于地表水、水库、湖泊、江河水中总氮的测定。检出限 0.050mg/L，测定下限 0.200mg/L，测定上限 100mh/L。

在碱性过硫酸钾溶液中，于 120～124℃ 温度下，将水样中氨、铵盐、亚硝酸盐以及大部分有机氮化合物氧化成硝酸盐后，以硝酸盐氮的形式采用气相分子吸收光谱法进行总氮的测定。

干扰的消除：消解后的样品，含大量高价铁离子等较多氧化性物质时，增加三氯化钛用量至溶液紫红色不褪进行测定，不影响测定结果。

2.5　加和法

分别测定有机氮、氨氮、亚硝酸盐氮和硝酸盐氮的量，然后加和之。

3　凯氏氮测定

凯氏（Kjeldahl）氮包括了氨氮和在此条件下能被转化为铵盐的有机氮化合物。此类有机氮化合物主要是指蛋白质、氨基酸、核酸、尿素及其他合成的氮为负三价态的有机氮化合物。它不包括叠氮化合物、连氮、偶氮、腙、硝酸盐、亚硝基、硝基、亚硝酸盐、腈、肟和半卡巴腙类的含氮化合物。

3.1　气相分子吸收光谱法（HJ/T 196—2005）

气相分子吸收光谱法：在规定的分析条件下，将待测成分转变成气态分子载入测量系统，测定其对特征光谱吸收的方法。

本法适用于地表水、水库、湖泊、江河水中凯氏氮的测定，检出限 0.020mg/L，测定下限 0.100mg/L，测定上限 200mg/L。

将水样中游离氨、铵盐和有机物中的胺转变成铵盐，用次溴酸盐氧化剂，将铵盐氧化成亚硝酸盐后，以亚硝酸盐氮的形式采用气相分子吸收光谱法测定水样中凯氏氮。

3.2　蒸馏光度法（GB 11891—89）

本法适用于测定工业废水、湖泊、水库和其他受污染水体中的凯氏氮。

测定范围：凯氏氮含量较低时，分取较多试样，经消解和蒸馏，最后以光度法测定氨。含量较高时，分取较少试样，最后以酸滴定法测定氨。

最低检出浓度:试料体积为 50mL 时,使用光程长度为 10mm 比色皿,最低检出浓度为 0.2mg/L。

水中加入硫酸并加热消解,使有机物中的胺基氮转变为硫酸氢铵,游离氨和铵盐也转为硫酸氢铵。消解时加入适量硫酸钾提高沸腾温度,以增加消解速率,并以汞盐为催化剂,以缩短消解时间。消解后液体,使成碱性并蒸馏出氨,吸收于硼酸溶液中。然后以滴定法或光度法测定氨含量。汞盐在消解时形成汞铵络合物,因此,在碱性蒸馏时,应同时加入适量硫代硫酸钠,使络合物分解。

习　题——亚硝酸盐氮、硝酸盐氮

一、填空题

1.亚硝酸盐是氮循环中间产物,在水中不稳定,在含氧和微生物作用下,可氧化成_____,在缺氧或无氧条件下被还原为_____。

2.水中亚硝酸盐的主要来源为生活污水中_____的分解。此外化肥、酸洗等工业废水和_____中亦可能有亚硝酸盐排入水系。

3.分光光度法测定水中亚硝酸盐氮时,水样应用玻璃瓶或塑料瓶采集。采集后要尽快分析,不要超过_____h,若需短期保存(1~2 天),可以在每升水样中加入 40mg _____并于 2~5℃保存。

4.分光光度法测定水中亚硝酸盐氮时,若水样有悬浮物和颜色,需向每 100mL 试样中加入 2mL _____,搅拌,静置,过滤,弃去 25mL 初滤液后,再取试样测定。

5.分光光度法测定水中硝酸盐氮时,水样采集后,应及时进行测定。必要时,应加硫酸使 pH _____,于 4℃以下保存,在_____h 内进行测定。

6.酚二硫酸分光光度法测定水中硝酸盐氮,当水样中亚硝酸盐氮含量超过 0.2mg/L 时,可取 100mL 水样,加入 1mL 0.5mol/L 的_____,混匀后,滴加_____至淡红色,保持 15min 不褪色为止,使亚硝酸盐氧化为硝酸盐,最后从硝酸盐氮测定结果中减去亚硝酸盐氮量。

7.目前的自动在线检测仪测定水中硝酸盐氮多使用_____法和_____法。

8.紫外分光光度法适用于_____和_____中硝酸盐氮的测定。

9.紫外分光光度法测定硝酸盐氮时,采用_____和_____进行处理,以排除水样中大部分常见有机物、浊度和 Fe^{3+}、Cr^{6+} 对测定的干扰。

二、判断题

1.水中硝酸盐是在无氧环境下,各种形态的含氮化合物中最稳定的氮化合物,亦是含氮有机物经无机化作用的最终分解产物。　　　　　　　　　　　（　　）

2.利用重氮偶联反应法测定水中亚硝酸盐时,明显干扰物质氯胺、氯、硫代硫酸盐、聚磷酸钠和高(三价)铁离子。　　　　　　　　　　　　　　　（　　）

3.分光光度法测定水中亚硝酸盐氮,通常是基于重氮偶联反应,生成橙色染料。　　　　　　　　　　　　　　　　　　　　　　　　　　　　　（　　）

4. N-(1-萘基)-乙二胺光度法测定亚硝酸盐氮时,实验用水均为无亚硝酸盐的二次蒸馏水。（　　）

5. 利用重氮偶联反应测定水中亚硝酸盐氮时,如果使用光程长为 20mm 的比色皿,亚硝酸盐氮的浓度大于 0.2mg/L 时,其呈色符合比尔定律。（　　）

6. 酚二磺酸分光光度法测定水中硝酸盐氮时,蒸干水样的操作步骤是:吸取50.0mL 经预处理的水样于蒸发皿中,用 pH 试纸检查,必要时用硫酸或氢氧化钠溶液调节至微酸性,置于水浴上蒸干。（　　）

7. 酚二磺酸分光光度法测定水中硝酸盐氮时,在水样蒸干后,加入酚二磺酸试剂,充分研磨使硝化反应完全。（　　）

8. 酚二磺酸分光光度法测定水中硝酸盐氮时,可加 3～5mL 氨水显色。（　　）

9. 酚二磺酸分光光度法测定硝酸盐氮,制备标准曲线时,将一定量标准溶液预先一次统一处理(蒸干、加酚二磺酸充分研磨,转入容量瓶内定容)备用。（　　）

10. 酚二磺酸分光光度法测定硝酸盐氮时,若水样中含有氯离子较多(10mg/L),会使测定结果偏高。（　　）

11. 酚二磺酸分光光度法测定水中硝酸盐氮时,为使硝酸盐标准贮备液有一定的稳定时间,需在溶液中加入 2mL 氯仿(三氯甲烷)作保存剂,至少可称定 6 个月。（　　）

12. 酚二磺酸分光光度法测定水中硝酸盐氮时,因为发烟硫酸在室温较低时凝固,所以取用时,可先在 40～50℃隔水浴中加温使其融化,不能将盛装发烟硫酸的玻璃瓶直接置入水浴中,以免瓶裂引起危险。（　　）

13. 紫外分光光度法测定水中硝酸盐氮时,需在 200nm 和 300nm 波长处测定吸光度以校正硝酸盐氮值。（　　）

14. 紫外分光光度法测定水中硝酸盐氮时,树脂使用多次后,可用未接触橡胶制品的新鲜去离子水作参比,在 220nm 和 257nm 波长处检验,测得的吸光度应为最大值,否则需再生。（　　）

15. 紫外分光光度法测定水中硝酸盐氮时,如水样中亚硝酸盐氮低于 0.1mg/L,可不加氨基磺酸溶液。（　　）

16. 紫外分光光度法测定水中硝酸盐氮时,为了解水受污染程度和变化情况,需对水样进行紫外吸收光谱分布曲线的扫描,绘制波长—吸光度曲线。水样与近似浓度的标准溶液分布曲线应类似,且在 220nm 与 272nm 附近不应该有肩状或折线出现。（　　）

17. 紫外分光光度法测定水中硝酸盐氮时,参考吸光度比值($A_{275}/A_{220} \times 100\%$)应小于 50%,且越小越好。参考吸光度比值检验后,符合要求,则可不经过预处理,直接测定。（　　）

18. 紫外分光光度法测定水中硝酸盐氮,水样如经过紫外吸光谱分布曲线分析、参考吸光度比值检验后,符合要求,则可不经过预处理,直接测定。（　　）

19.紫外分光光度法测定水中硝酸盐氮时,如果水样中含有机物,而且硝酸盐含量较高时,必须先进行预处理后再稀释。　　　　　　　　　　　　　(　　　)

20.紫外分光光度法测定水中硝酸盐氮,当水样中存在六价铬时,应采用氢氧化铝为絮凝剂,并放置0.5h以上,再取上清液供测定用。　　　　　　　(　　　)

三、选择题

1.分光光度法测定水中亚硝酸盐氮时,如水样 pH>11,应以酚酞作指示剂,滴加(　　　)溶液至红色消失。

　　A.1.5mol/L 硫酸　　　　　　　　　　B.1.5mol/L 盐酸

　　C.1.5mol/L 磷酸　　　　　　　　　　D.1.5mol/L 硝酸

2.N-(1-萘基)-乙二胺分光光度法测定水中亚硝酸盐氮的测定上限为(　　　)mg/L。

　　A.0.10　　　　　　B.0.20　　　　　　C.0.30　　　　　　D.0.40

3.分光光度法测定水中亚硝酸盐氮时,配制亚硝酸盐氮标准贮备液的方法为(　　　)。

　　A.准确称取一定量 $NaNO_2$,加水溶解定容

　　B.准确称取一定量 $NaNO_2$,溶解于水中,用 $KMnO_4$ 溶液、$Na_2C_2O_4$ 标准溶液标定

　　C.称取一定量 $NaNO_2$ 溶解稀释,用 $K_2Cr_2O_7$ 标准溶液标定

4.N-(1-萘基)-乙二胺分光光度法测定水中亚硝酸盐氮时,亚硝酸盐标准贮备液应保存于棕色试剂瓶中,并加入(　　　)作保存剂。

　　A.$KMnO_4$　　　　B.HCl　　　　　　C.氯仿　　　　　　D.H_2SO_3

5.无亚硝酸盐的水的制备方法是(　　　)。

　　A.过离子交换柱

　　B.蒸馏水中加入 $KMnO_4$,在碱性条件下蒸馏

　　C.蒸馏水加入 $KMnO_4$,在酸性条件下蒸馏

　　D.蒸馏水中加入活性炭

6.酚二磺酸分光光度法测定水中硝酸盐氮时,采用光程为 30mm 的比色皿,试样体积为 50mL 时,最低检出浓度为(　　　)mg/L。

　　A.0.002　　　　　B.0.02　　　　　　C.0.2　　　　　　D.2.0

7.酚二磺酸分光光度法测定水中硝酸盐氮时,为了去除氯离子干扰,可以加入(　　　)使之生成 AgCl 沉淀凝聚,然后用慢速滤纸过滤。

　　A.$AgNO_3$　　　　B.Ag_2SO_4　　　　C.Ag_3PO_4

8.紫外分光光度法测定水中硝酸盐氮时,其最低检出浓度为(　　　)mg/L。

　　A.0.02　　　　　B.0.04　　　　　　C.0.06　　　　　　D.0.08

9.紫外分光光度法测定水中硝酸盐氮,其测量上限为(　　　)mg/L。

　　A.2　　　　　　　B.4　　　　　　　　C.6　　　　　　　　D.8

四、问答题

1.简述 N-(1-萘基)-乙二胺光度法测定亚硝酸盐氮的原理。

2.简述酚二磺酸分光光度法测定硝酸盐氮的原理。

3.酚二磺酸光度法测定水中硝酸盐氮时,水样若有颜色应如何处理?

4.酚二磺酸光度法测定水中硝酸盐氮,制备硝酸盐氮标准使用液时,应同时制备两份为什么?

5.简述紫外分光光度法测定水中硝盐氮的原理?

6.紫外分光光度法测定水中硝酸盐氮时,如何制备吸附?

7.列举紫外分分光光度法测定水中硝酸盐氮的主要干扰物(举出 4 种以上)。

五、计算题

1.用光度法测定某水样中亚硝酸盐含量,取 4.00mL 水样于 50mL 比色管中,用水稀释标线,加 1.0mL 显色剂,测得 $NO_2^- -N$ 含量为 0.0121mg,求原水样中 $NO_2^- -N$ 和 NO_2^- 含量。

2.用酚二磺酸光度法测定水中硝酸盐氮时,取 10.0mL 水样,测得吸光度为 0.176。校准曲线的回归方程为:$y=0.0149x+0.004$(x 为 50mL 水中 $NO_3^- -N$ 微克数),求水样中 $NO_3^- -N$ 和 NO_3^- 的浓度。

习　题——**总氮、凯氏氮**

一、填空题

1.总氮测定方法通常采用过硫酸钾氧化,使水中_____和_____转变为硝酸盐。然后再以紫外分光光度法、偶氮化色法、离子色谱法或气相分子吸收法进行测定。

2.碱性过硫酸钾消除紫外分光光度法测定水中总氮时,对于悬浮物较多的水样,过碱酸钾氧化后可能出现_____,遇此情况,可取_____进行测定。

3.《水质总氮的测定碱性过硫酸钾消解紫外分光光度法》(GB/T 11894—1989)方法的检出下限为_____ mg/L,测定上限为_____ mg/L。

4.凯氏氮是指以凯氏法测得的含氮量,它包括了_____和在此条件下能被转变为铵盐而测定的_____。

5.测定水中凯氏氮或有机氮,主要是为了解水体受_____状况,尤其是评价湖泊和水库的_____时,是一个有意义的重要指示。

6.根据《水质凯氏氮的测定》(GB/T 1189—1989),如果凯氏氮含量较低,可取较多量的水样,并用_____法进行测定;如果含量较高,则减少取样量,用_____法测定。

7.根据《水质凯氏氮的测定》(GB/T 11891—1989),在水样中加入硫酸并加热消解,目的是使有机物中的_____以及游离氮和铵盐转变为_____。

8.根据《水质凯氏氮的测定》(GB/T 11891—1989),蒸馏时应避免暴沸,否则可导致吸收液温度增高,造成吸收_____而使测定结果偏_____,还应注意冷却水不能有温感,否则会影响氨的吸收。

9.根据《水质凯氏氮的测定》(GB/T 11891—1989),蒸馏时必须保持蒸馏瓶内溶液呈碱性,如果在蒸馏期间,瓶内无黑色沉淀,瓶内液体一直为清澈透明,则蒸馏后,需滴加_____指示液测试,必要时,添加适量水和_____溶液,重新蒸馏。

二、判断题

1.碱性过硫酸钾消解紫外分光光度法测定水中总氮时,硫酸盐及氯化物对测定有影响。   (   )

2.碱性过硫酸钾消解紫外分光光度法测定水中总氮时,在120~124℃的碱性介质条件下,用过硫酸钾作氧化剂,不仅可将水中氨氮、亚硝酸盐氮氧化为硝酸盐,同时也将水样中部分有机氮化合物氧化为硝酸盐。   (   )

3.碱性过硫酸钾氧化—紫外分光光度法测定水中总氮,使用高压蒸汽消毒器时,应定期校核压力表。   (   )

4.根据《水质凯氏氮的测定》(GB/T 11891—1989)测定水中凯氏氮含量时,消解时加入适量硫酸提高沸腾温度,增加消解速度。   (   )

5.根据《水质凯氏氮的测定》(GB/T 11891—1989)测定水中凯氏氮含量时,对难消解的有机氮化合物,可适当增加消解时间,亦可改用硫酸汞为催化剂。 (   )

三、选择题

1.碱性过硫酸钾消解紫外分光光度法测定水中总氮时,碳酸盐及碳酸氢盐对测定有影响,在加入一定量的(   )后可消除。

　　A.盐酸　　　　　　　　B.硫酸　　　　　　　　C.氢氧化钾

2.碱性过硫酸钾消解紫外分光光度法测定水中总氮时,水样采集后立即用硫酸酸化到 pH<2,在(   )h 内测定。

　　A.12　　　　　　　　　B.24　　　　　　　　　C.48

3.碱性过硫酸钾消解紫外分光光度法测定水中总氮时,新配制的过硫酸钾溶液应存放在(   )内,可贮存一周。

　　A.玻璃瓶　　　　　　　B.聚四氟乙烯瓶　　　　C.聚乙烯瓶

4.碱性过硫酸钾消解紫外分光光度法测定水中总氮时,配制 1000mL 硝酸钾贮备液时加入 2mL(   ),贮备液至少可稳定 6 个月。

　　A.三氯甲烷　　　　　　B.乙醇　　　　　　　　C.丙酮

5.根据《水质凯氏氮的测定》(GB/T 11891—1989)测定水中凯氏氮含量,消解时通常加入(   )作催化剂,以缩短消解时间。

　　A.硫酸铜　　　　　　　B.氯化汞　　　　　　　C.硝酸银

6.根据《水质凯氏氮的测定》(GB/T 11891—1989)测定水中凯氏氮含量,蒸馏时必须保持蒸馏瓶内溶液呈(   )。

　　A.酸性　　　　　　　　B.碱性　　　　　　　　C.中性

四、问答题

1.碱性过硫酸钾消解紫外分光光度法测定水中总氮时,主要干扰物有哪些?

如何消除?

2.碱性过硫酸钾溶解紫外分光光度法测定水中总氮时,为什么存在两个内长测点吸光度。

3.水中有机氮化合物主要有什么物质?

任务 3　地表水中总磷含量的测定

知识目标

★了解磷在天然水中的存在形式(正磷酸盐、缩合磷酸盐和有机结合的磷酸盐等);
★了解化肥、冶炼、合成洗涤剂等行业的废水及生活污水中的磷;
★理解磷与地表水富营养化;
★理解钼酸铵分光光度法测定总磷原理。

技能目标

◆会总磷测定所需水样的采集与保存;
◆会总磷测定钼酸铵标准曲线的制作;
◆会钼酸铵法测定地表水中总磷的含量。

职业标准

▼中华人民共和国国家标准,水质总磷的测定钼酸铵分光光度法(Water Quality—Determination of Total Phosphorous—Ammonium Molybdate Spectrophotometric Method),GB 11893—89。

▼中华人民共和国环境保护行业标准,地表水和污水监测技术规范(Technical Specifications Requirements for Monitoring of Surface Water and Waste Water),HJ/T 91—2002。

实训任务

杭州市经济技术开发区"消防主题公园"清源桥断面采样点总磷含量的测定。

实训操作

1　原理

在中性条件下,过硫酸钾溶液在高压釜内经120℃以上加热,产生如下反应:

$$K_2S_2O_4 + H_2O \longrightarrow 2KHSO_4 + [O]$$

从而将水中的有机磷、无机磷、悬浮物内的磷氧化成正磷酸。在酸性介质中，正磷酸与钼酸铵反应，在锑盐存在下生成磷钼杂多酸后，立即被抗坏血酸还原，生成蓝色的络合物，在700nm波长下均有最大吸收度。

本法适用于测定地表水、生活污水及某些工业废水的正磷酸盐。检出限为0.01～0.6mg/L。

2　试剂

(1)硫酸(H_2SO_4，A. R)$\rho = 1.84$。

(2)(1+1)硫酸：取浓硫酸与水等体积混合。

(3)过硫酸钾：50g/L溶液，将5g过硫酸钾($K_2S_2O_8$，A. R)溶于水并稀释至100mL。

(4)抗坏血酸：100g/L溶液，溶解10g抗坏血酸($C_6H_8O_6$，C. P.)于水中，并稀释至100mL。此溶液储于棕色的试剂瓶中，在冷处可稳定几周。如不变色可长时间使用。

(5)钼酸盐溶液：溶解13g钼酸铵$[(NH_4)_6Mo_7O_{24} \cdot 4H_2O]$于100mL水中。溶解0.35g酒石酸锑钾$[KSbC_4H_4O_7 \cdot 1/2H_2O$，A. R]于100mL水中，在不断搅拌下把钼酸铵溶液徐徐加到300mL硫酸(1+1)中，然后再加酒石酸锑钾溶液并且混合均匀。此溶液储于棕色瓶中，在冷处可保存两个月。

(6)磷标准储备溶液：称0.2179g于110℃干燥2h在干燥器中放冷的磷酸二氢钾(KH_2PO_4，A. R)，用水溶解后转移至1000mL容量瓶中。加入大约800mL水，加5mL硫酸(1+1)用水稀释至标线，摇匀。浓度为50.0μg/mL(以P计)。

(7)磷标准使用液：将10.00mL的磷标准溶液移至250mL容量瓶中，用水稀释至标线，混匀。浓度为2.00μg/mL(以P计)。

3　仪器

(1)医用手提式蒸汽消毒器或一般压力锅(1.1～1.4kg/cm²)；

(2)50mL具塞(磨口)比色管；

(3)纱布和棉线；

(4)分光光度计及10mm或30mm比色皿。

4　分析步骤

(1)取25.00mL样品于具塞比色管中(取样时应将样品摇匀，使悬浮或有沉淀能得到均匀取样,如果样品含磷量高可相应减少取样量并用水补充至25mL),加入4mL过硫酸钾(如果试液是酸化贮存的应予先中和成中性)。将比色管塞紧后并用纱布和棉线将玻璃塞扎紧,放在大烧杯中置于高压蒸汽消毒器内,加热,待压力达到1.1kg/cm²,保持30min后停止加热。待压力回至零后,取出冷却并用水稀释至40mL。

(2)显色:分别向各消解液加入2mL钼酸盐溶液,摇匀。30s后加1mL抗坏血酸溶液再加水至50mL标线。充分混合均匀。15min后用10mm或30mm比色皿测定。

(3)空白试液:用水代替试样进行空白试验。

(4)测定:按分光光度操作步骤,波长调至700nm以水做参比测定吸光度,扣除空白试验的吸光度后,从工作曲线或从相关回归统计的计数器中查得磷的含量。

(5)工作曲线的制作:取7支50mL具塞刻度试管分别加入0.00,0.50,1.00,2.50,5.00,10.00,15.00mL磷酸盐标准溶液,加水至50mL。按步骤(2)显色。以水做参比,测定吸光度。扣除空白试验的吸光度后,以校正后的吸光度对应相应磷含量统计回归校准曲线。

5　结果计算

总磷含量以P计:

$$总磷酸盐(P,mg/L)=m/v$$

式中:m——试样测得含磷(P)量(μg);由校准曲线计算获得。

　　　　v——测定用试样体积(mL)。

6　注意事项

(1)水中砷将严重干扰测定,使测定结果偏高。

(2)含Cl化合物高的水样品在消解过程中会产生Cl_2,对测定产生负干扰。含有大量不含磷的有机物会影响有机磷的消解转化成正磷酸,此类样品应选用其他消解方法。例如:HNO_3—$HClO_4$方法消解样品。

(3)过硫酸钾溶解比较困难,可于40℃左右的水浴锅上加热溶解,但切不可将烧杯直接放在电炉上加热,否则局部温度到达60℃过硫酸钾即分解失效。

注:不具备压力消解条件时,亦可在常压下进行:分取适量混匀水样(含磷不超过30μg)于150mL锥形瓶中,加水至50mL,加数粒玻璃珠,加1mL(3+7)硫酸溶液、5mL5%过硫酸钾溶液,置于电热板或可调电炉上加热煮沸,调节温度使保持微沸30~40min,至最后体积为10mL。放冷,加1滴酚酞指示剂,滴加NaOH溶液至刚呈微红色,再滴加1mol/L硫酸溶液使红色褪去,充分摇匀。若溶液不澄清,则

用滤纸过滤于 50mL 比色管中,用水洗锥形瓶及滤纸,一并移入比色管中,加水至标线供分析用。

知识链接——总磷

1　概述

磷在自然界中以正磷酸盐、缩合磷酸盐和有机结合的磷酸盐等形式存在于天然水和废水中。磷是水富营养化的关键元素。为了保护水质,控制危害,在水环境监测中总磷已正式列入监测项目。

总磷包括水溶解态磷、悬浮物态磷、有机磷和无机磷。将水中各形态磷转化成可溶态的无机磷酸盐的消解方法很多。

总磷是衡量水质的重要指标之一。当水体中含磷化合物的含量超过一定范围时,在适当的条件下,水体中的藻类会大量繁殖,出现富营养化现象,水体中溶解氧被大量消耗,使水质恶化,因此对水体中总磷含量的测定是环境水监测的主要项目。

2　磷污染来源

水体中的磷主要来自内源性磷和外源性磷。内源性磷主要是富磷底质中的磷,它在一定条件下可向水体释放。外源性磷有点源和非点源两大类型,点源包括生活污水和工业废水,非点源则包括地表径流、降雨、降雪、地下水以及养殖投饵和动物排泄粪便等。

根据对我国一些富营养型湖泊的调查结果,排入水体中的磷有 63.89% 来自城市废水,而来自湖面沉降、湖区径流和其他来源的总量则不足 40%。化肥、冶炼、合成洗涤剂等行业的工业废水及生活污水中常含有较大量的磷。

我国点源磷污染还远远未能得到控制,生活污水和工业废水往往未经净化处理就直接排入水体,而河流、湖泊流域由于养殖投饵、动物排泄粪便和农田水土保持较差,也使大量非点源污染物随径流流入水体中,导致河流、湖泊水体每年有大量的磷排入。

我国磷化工行业给社会提供了大量的物质财富,同时也伴随着产生了大量的污染物,主要是废气和粉尘、废水、固体废物。这些污染物中含有许多有毒有害的物质进入了大气,江河湖海和陆地成为我国环境污染最主要的来源之一。

3　磷污染危害

磷是富营养化的主要限制因子之一。水体磷污染导致富营养化、引起水质恶化是主要水环境污染问题之一。世界经济合作与发展组织的研究指出,磷是限制水体富营养化的关键性元素,限制磷的排放防治、防治水体磷污染,对水环境保护作用重大。磷导致水体富营养化主要表现在对水域初级生产力的贡献上,水体的初级生产力即水域中的自养生物利用光能或化学能将简单无机物制造成有机物的生产能力。

据调查,我国湖泊、水库中水质总磷浓度为 0.018～0.97mg/L,普遍大大高于许多湖泊学家认为发生富营养化的磷浓度(0.02mg/L)。在参与调查的 25 个湖泊中,有 92% 以上的湖泊中总磷浓度超过 0.02mg/L,近半数的湖泊总磷处于 0.2～0.97mg/L 之间。如果用国外常用的总磷浓度(0.02mg/L)和总氮浓度(0.2mg/L)作为湖泊富营养化的评价值,多数湖泊总磷浓度要高出评价值的 10～50 倍。

4　总磷的测定

4.1　连续流动-钼酸铵分光光度法(HJ760—2013)

本法适应于地表水、地下水、生活污水和工业废水中磷酸盐和总磷的测定。当测定光程为 50mm 时,本法测定磷酸盐(以 P 计)的检出限为 0.01mg/L,测定范围 0.04～1.00mg/L;测定总磷(以 P 计)的检出限为 0.01mg/L,测定范围 0.04～5.00mg/L。

连续流动分析仪工作原理:在封闭的管路中,试样与试剂在蠕动泵的推动下进入化学反应模块,在密闭的管路中连续流动,被气泡按一定间隔规律隔开,并按特定的顺序和比例混合、反应,显色完全后进入流动检测池进行光度检测。

试样中的正磷酸盐在酸性介质中、锑盐存在下,与钼酸铵反应生成磷钼杂多酸,该化合物立即被抗坏血酸还原生成蓝色络合物,于波长 880nm 处测吸光度。

4.2　流动注射-钼酸铵分光光度法(HJ761—2013)

本法适应于地表水、地下水、生活污水和工业废水中总磷的测定。当测定光程为 10mm 时,检出限为 0.005mg/L,测定范围 0.020～1.00mg/L。

流动注射分析仪工作原理:在封闭的管路中,一定体积的试样注入连续流动的载体液中,试样和试剂在化学反应模块中按特定的顺序和比例混合、反应,在非完全反应的条件下,进入流动检测池进行光度检测。

在酸性条件下,试样中各种形态的磷经 125℃ 的高温高压水解,再与过硫酸钾溶液混合进行紫外消解,全部被氧化成正磷酸盐,在锑盐的催化下正磷酸盐与钼酸铵反应生成磷钼杂多酸。该化合物被抗坏血酸还原生成蓝色络合物,于波长880nm 处测吸光度。

4.3 离子色谱法(HJ669—2013)

本法适应于地表水、地下水和降水中可溶性磷酸盐的测定。当进样体积为 $50\mu L$ 时,本法测定可溶性磷酸盐(以 PO_4^{3-} 计)的检出限为 0.007mg/L,测定下限为 0.028mg/L。

试样中以各种形式存在的正磷酸盐随强碱性淋洗液进入阴离子色谱柱,以硫酸根(PO_4^{3-})的形式被分离出来后,用电导器检测。根据保留时间定性,外标法定量。

作 业——磷

一、填空题

1. 水样中含砷化物、硅化物和硫化物的量分别为元素磷含量的_____倍、_____倍和_____倍时,对磷钼蓝比色法测定元素磷无明显干扰。

2. 磷钼蓝比色法测定废水中磷时,元素磷含量大于_____mg/L 时,采取水相直接比色。

3. 磷钼蓝比色法测定废水中磷时,元素磷含量小于 0.05mg/L 时,采取_____萃取比色。

4. 水中总磷包括溶解的、颗粒的_____磷和_____磷。

5. 水体中磷含量过高(>0.2mg/L)可造成_____的过度繁殖,直至数量上达到有害的程度,称为_____。

6. 在天然水和废水中,磷几乎以各种磷酸盐的形式存在,它们分别为_____、_____和_____。

7. 对测定总磷的水样进行预处理的方法有_____消解法、_____消解法和_____消解法等。

二、判断题

1. 磷钼蓝比色法测定水中磷时,平行测定两个水样,其结果的差值不应超过较小结果的 50%。 ( )

2. 磷是评价湖泊、河流水质富营养化的重要指标之一。 ( )

3. 含磷量较少的水样,要用塑料瓶采集。 ( )

4. 钼酸铵分光光度法测定水中总磷时,用硝酸-高氯酸消解要在通风橱中进行。高氯酸和有机物的混合物经加热易发生爆炸危险,需将含有机物的水样先用硝酸处理,然后再加入高氯酸进行消解。 ( )

5. 钼酸铵分光光度法测定水中总磷时,水样中的有机物用过硫酸钾氧化不能完全破坏时,可用硝酸-高氯酸消解。 ( )

6. 钼酸铵分光光度法测定水中总磷时,如试样浑浊有色度,需配制一个空白试样(消解后用水稀释至标线),然后向试样中加入 3mL 浊度-色度补偿溶液,还需加

入抗坏血酸和钼酸盐溶液,然后做吸光度扣除。 （　　）

7.钼酸铵分光光度法测定水中总磷,如显色时室温低于13℃,可在20～30℃水浴上显色30min。 （　　）

8.钼酸铵分光光度法测定水中总磷时,质量控制样品主要成分是氨基乙酸(NH_2CH_2COOH)和甘油磷酸钠$(C_3H_7Na_2O_6P)$。 （　　）

9.钼酸铵分光光度法测定水中总磷,配制钼酸铵溶液时,应注意将硫酸溶液徐徐加入钼酸铵溶液中,如操作相反,则可导致显色不充分。 （　　）

10.钼酸铵分光光度法测定水中总磷,水样用压力锅消解时,锅内温度可达120℃。 （　　）

11.钼酸铵分光光度法测定水中总磷,在酸性条件下,砷、铬和硫不干扰测定。 （　　）

12.钼酸铵光度法测定水中总磷时,抗坏血酸溶液贮存在棕色玻璃瓶中,在约4℃可稳定几周,如溶液颜色变黄,仍可继续使用。 （　　）

13.钼酸铵光度法测定水中总磷时,为防止水中含磷化合物的变化,水样要在微碱性条件下保存。 （　　）

14.钼酸铵光度法测定水中溶解性正磷酸盐时,水样采集后不加任何保存剂,于2～5℃保存,在24h内进行分析。 （　　）

三、选择题

1.磷钼蓝比色法测定水中元素磷时,取平行测定两个水样结果的算术平均值作为样品中元素磷的含量,测定结果取（　　）有效数。

A.一位　　　　B.两位　　　　C.三位　　　　D.四位

2.钼酸铵分光光度法测定水中总磷时,磷标准贮备溶液在玻璃瓶中可贮存至少（　　）个月。

A.2　　　　　　B.4　　　　　　C.6　　　　　　D.8

3.钼酸铵分光光度法测定水中总磷时,所有玻璃器皿均应用（　　）浸泡。

A.稀硫酸或稀铬酸　　　　　　　B.稀盐酸或稀硝酸

C.稀硝酸或稀硫酸　　　　　　　D.稀盐酸或稀铬酸

4.用钼酸铵分光光度法测定水中总磷,采样时,取500mL水样后加入（　　）mL硫酸调节样品的pH值,使之低于或等于1,或者不加任何试剂冷处保存。

A.0.1　　　　　B.0.5　　　　　C.1　　　　　　D.2

5.钼酸铵分光光度法测定水中总磷时,砷大于2mg/L时干扰测定,用（　　）去除。

A.亚硫酸钠　　　　B.硫代硫酸钠　　　　C.通氮气

6.钼酸铵分光光度法测定水中总磷,方法最低检出浓度为（　　）mg/L(吸光度A＝0.01时所对应的浓度)。

A.0.01　　　　　B.0.02　　　　　C.0.03　　　　　D.0.05

7.钼酸铵分光光度法测定水中总磷,方法测定上限为(　　)mg/L。

A.0.1　　　　　　B.0.2　　　　　　C.0.4　　　　　　D.0.6

四、问答题

1.简述磷钼蓝比色法测定水中元素磷的原理。

2.简述钼酸铵分光光度法测定水中总磷的原理。

3.钼酸铵分光光度法测定水中总磷时,如何制备浊度-色度补偿液?

4.钼酸铵分光光度法测定水中总磷时,其分析方法是由哪两个主要步骤组成?

5.用钼酸铵分光光度法测定水中磷时,主要有哪些干扰?怎样去除?

6.用钼酸铵分光光度法测定水中磷时,抗坏血酸溶液易氧化发黄,如何延长溶液有效使用期?

7.磷钼蓝比色法测定元素磷,简述水样的预处理过程。

8.钼酸铵分光光度法测定水中总磷适用于哪些水样?

项目四 地表水水质有机物指标监测

任务 1 地表水中高锰酸盐指数的测定

知识目标

★了解地表水的有机物污染；

★理解高锰酸盐指数的含义；

★理解地表水中高锰酸盐指数的测定原理。

技能目标

◆会 COD_{Mn} 测定水样的采集与保存；

◆会高锰酸盐法测定地表水中 COD 的含量。

职业标准

▼中华人民共和国国家标准，水质高锰酸盐指数的测定（Water Quality—Determination of Permanganate Index），GB 11892—89。

▼中华人民共和国环境保护行业标准，地表水和污水监测技术规范（Technical Specifications Requirements for Monitoring of Surface Water and Waste Water），HJ/T 91—2002。

实训任务

杭州市经济技术开发区"消防主题公园"清源桥断面采样点高锰酸盐指数的测定。

实训操作

1 实验原理

高锰酸盐指数定义为：在一定条件下，用高锰酸钾作氧化剂氧化水样中的某些有机物及无机还原性物质时所消耗的氧量。

样品中加入已知量的高锰酸钾和硫酸，在沸水浴中加热 30min，高锰酸钾将样品中的某些有机物和无机还原性物质氧化，反应后加入过量的草酸钠还原剩余的高锰酸钾，再用高锰酸钾标准溶液回滴过量的草酸钠。通过计算得到样品中高锰酸盐指数。

当 Cl^- 含量＞300mg/L 时，应采用碱性高锰酸钾法；对于较清洁的地面水和被污染的水体中氯化物含量不高（Cl^- ＜300mg/L）的水样，常用酸性高锰酸钾法。当 OC 超过 5mg/L 时，应少取水样并经稀释后再测定。

在碱性条件下高锰酸钾的氧化能力比酸性条件下稍弱，此时不能氧化水中的氯离子，故常用于测定含氯离子浓度较高的水样。

碱性高锰酸钾法：在碱性溶液中，加过量高锰酸钾加热 30min，以氧化水样中的有机物和某些还原性无机物，然后用过量酸化的草酸钠溶液还原，再以高锰酸钾标准溶液氧化过量的草酸钠，滴定至微红色为终点。

2　仪器

(1)水浴锅。

(2)移液管，5mL、10mL、50mL。

(3)锥形瓶，250mL。

(4)酸式滴定管，25mL。

(5)容量瓶 100mL、1000mL。

(6)量筒。

注：新的玻璃器皿必须用高锰酸钾溶液清洗干净。

3　试剂

(1)不含还原性物质的水：将 1L 蒸馏水置于全玻璃蒸馏器中，加入 10mL 硫酸和少量高锰酸钾溶液，蒸馏。弃去 100mL 初馏液，余下馏出液贮于具玻璃塞的细口瓶中。

(2)硫酸(1＋3)：在不断搅拌下，将 100mL 硫酸慢慢加入到 300mL 水中。趁热加入数滴高锰酸钾溶液直至溶液出现粉红色。

(3)草酸钠标准贮备液：浓度 $c(1/2\ Na_2C_2O_4)$ 为 0.1000mol/L；称取 0.6705g 经 120℃烘干 2h 并放冷的草酸钠（$Na_2C_2O_4$）溶于蒸馏水中，移入 100mL 容量瓶中，用蒸馏水稀释至标线，混匀，置 4℃保存。

(4)草酸钠标准溶液：浓度 $c_1(1/2Na_2C_2O_4)$ 为 0.0100mol/L；吸取 10.00mL 草酸钠贮备液于 100mL 容量瓶中，用蒸馏水稀释至标线，混匀。

(5)高锰酸钾标准贮备液:浓度 c_2(1/5KMnO$_4$)约为 0.1mol/L;称取 3.2g 高锰酸钾溶解于 1.2L 蒸馏水中,加热煮沸 0.5~1h 至体积减至 1.0L,冷却静置过夜(盖上表面皿,以免尘埃入内)。用虹吸(或小心倾出)取上层清液,贮于棕色瓶中。

(6)高锰酸钾标准溶液:浓度 c_3(1/5KMnO$_4$)约为 0.01mol/L;吸取 100mL 高锰酸钾标准贮备液于 1000mL 容量瓶中,用水稀释至标线,混匀。此溶液在暗处可保存几个月,使用当天标定其浓度。

4　样品的保存

采样后要加入(1+3)硫酸,使样品 pH 值为 1~2 并尽快分析。如保存时间超过 6h,则需置暗处,0~5℃下保存,不得超过 2d。

5　分析步骤

(1)取 100.0mL 经充分摇动、混合均匀的水样(或分取适量,用水稀释至 100mL)置于 250mL 锥形瓶中,加入 5.0mL(1+3)硫酸,用滴定管加入 10.00mL 高锰酸钾溶液,摇匀。将锥形瓶置于沸水浴内 30±2min(水浴沸腾,开始计时)。

(2)取出后用滴定管加入 10.00mL 草酸钠溶液摇匀至溶液变为无色。趁热用高锰酸钾溶液滴定至刚出现粉红色,并保持 30s 不退。记录消耗的高锰酸钾溶液体积 V_1。

(3)向上述滴定完毕的溶液中加入 10.00mL 草酸钠溶液,(如果需要,将溶液加热至 80℃)立即用高锰酸钾溶液继续滴定至刚出现粉红色,并保持 30s 不退。记录消耗的高锰酸钾溶液体积 V_2。

(4)空白值测定:若水样用蒸馏水稀释,则另取 100mL 蒸馏水,按水样操作步骤进行空白试验,记录耗用的高锰酸钾溶液体积 V_0。

6　计算

水样不经稀释:

高锰酸盐指数(O$_2$,mg/L)=[(10+V_1)K-10]×0.0100×8×1000/$V_{水样}$

式中:V_1——回滴时高锰酸钾的耗用量(mL);

K——高锰酸钾溶液的校正系数(K=10.00/V_2)。

水样经稀释:

高锰酸盐指数(O$_2$,mg/L)={[(10+V_1)K-10]-[(10+V_0)K-10]R}×0.0100×8×1000/$V_{水样}$

式中:V_1——测定水样回滴时高锰酸钾溶液的耗用量(mL);

V_0——空白试验回滴时高锰酸钾溶液的耗用量（mL）；

R——稀释的水样中所含蒸馏水的比值；

8——氧（1/2O）的摩尔质量。

注：(1)沸水浴的水面要高于锥形瓶内的液面。(2)样品量以加热氧化后残留的高锰酸钾为其加入量的 1/2～1/3 时,如溶液红色褪去,说明高锰酸钾量不够,须重新取样,经稀释后测定。(3)滴定时温度如低于 60℃,反应速度缓慢,因此应加热至 80℃ 左右。

知识链接——有机污染物

1　概述

有机污染物是指以碳水化合物、蛋白质、氨基酸以及脂肪等形式存在的天然有机物质及某些其他可生物降解的人工合成有机物质为组成的污染物。

水体中的污染物质除无机化合物外,还含有大量的有机物质,它们是以毒性和使水体溶解氧减少的形式对生态系统产生影响。已有研究表明,绝大多数致癌物质是有毒的有机物质,所以有机物污染指标是水质十分重要的指标。

在水环境监测中,对有机耗氧污染物,一般是从各个不同侧面反映有机物的总量,如 COD、OC、BOD、TOD、TOC 等,前四种参数称为氧参数,TOC 称为碳参数。对于单一化合物,可以通过化学反应方程进行计算,以求得其理论需氧量（ThOD）或理论有机碳量（ThOC）。各耗氧参数在数值上的关系有：ThOD＞TOD＞COD_{cr}＞OC＞BOD_5。

水中所含有机物种类繁多、结构复杂,难以一一分别测定各种组分的定量数值,目前多测定与水中有机物相当的需氧量来间接表征有机物的含量（如 COD、BOD 等）,或者某一类有机污染物（如酚类、油类、苯系物、有机磷农药等）。

但是,上述指标并不能确切反映许多痕量危害性大的有机物污染状况和危害,因此,随着环境科学研究和分析测试技术的发展,必将大大加强对有毒有机物污染的监测和防治。

化学需氧量（Chemical Oxgen Demand，COD）：是指水样在一定条件下,氧化 1L 水样中还原性物质所消耗的氧化剂的量,以氧的 mg/L 表示。

化学需氧量（COD_{cr}）：在一定条件下,经重铬酸钾氧化处理,水样中的溶解性物质和悬浮物所消耗的重铬酸钾的量相对应的氧的质量浓度,1mol 重铬酸钾（$1/6K_2Cr_2O_7$）相当于 1mol 氧（1/2O）。

高锰酸盐指数：在一定条件下,以高锰酸钾溶液氧化水样中的某些有机物及无机还原性物质,由消耗的高锰酸钾量计算相当的氧量。国际标准化组织（ISO）建议高锰酸钾法仅限于测定地表水、饮用水和生活污水。按测定溶液的介质不同,分为酸性高锰酸钾法和碱性高锰酸钾法。

化学需氧量（COD_{cr}）和高锰酸盐指数是采用不同的氧化剂在各自的氧化条件下测定的，难以找出明显的相关关系。一般来说，重铬酸钾法的氧化率可达 90％，而高锰酸钾法的氧化率为 50％ 左右，两者均未达完全氧化，因而都只是一个相对参考数据。

2　有机污染物来源

研究表明，水中的污染物主要来自有机物，水体中的有机物来源于两个方面：一是外界向水体中排放的有机物；二是生长在水体中的生物群体产生的有机物以及水体底泥释放的有机物。前者包括地面径流和浅层地下水从土壤中渗沥出的有机物，主要是腐殖质、农药、杀虫剂、化肥及城市污水和工业废水向水体排放的有机物、大气降水携带的有机物、水面养殖投加的有机物、各种事故排放的有机物等。后者一般情况下在总的有机物中所占的比例很小，但是对于富营养化水体，如湖泊、水库，则是不可忽略的因素。

水中的有机物大致可分为两类：一类是天然有机物，包括腐殖质、微生物分泌物、溶解的植物组织和动物的废弃物；另一类是人工合成的有机物，如农药、商业用途的合成物及一些工业废弃物。

天然有机物：主要是指动植物在自然循环过程中经腐烂分解所产生的大分子有机物，其中腐殖质在地面水源中含量最高，是水体色度的主要成分，占有机物总量的 60％～90％。

腐殖质在水中的形态可分为酸不溶但碱溶的腐质酸（HA），酸溶但碱不溶的富里酸（FA），既不溶于酸也不溶于碱的胡敏酸，三种组分在结构上相似，但在分子量和官能团含量上有较大的区别。

人工合成的有机物：随着各国工业的发展，人工合成的有机物呈现越来越多的趋势，目前已知的有机物种类达 400 多万种，其中人工合成的有机物在 10 万种以上，且以每年 2000 种的速度递增。它们在生产、运输、使用过程中以各种途径进入环境。工业污染源主要来自化学化工、石油加工、制药、酿造、造纸等行业。

3　有机污染物污染危害

1977 年，美国国家环保局（U. S. EPA）根据有机污染物的毒性、生物降解的可能性以及在水体中出现的概率等因素，从 7 万种有机物化合物中筛选出 65 类 129 种优先控制的污染物，其中有机化合物 114 种，占总数的 88.4％，包括 21 种杀虫剂、26 种卤代脂肪烃、8 种多氯联苯、11 种酚、7 种亚硝酸及其他化合物。这些化合物本身有一定的生物积累性，有些本身有毒性，有些有三致作用。欧共体、国际卫生组织(WHO)、日本、中国等,也相继建立了各自的优先控制有机污染物的名单,并加强水源及饮用水制备过程中对这些指标的控制。

习　题——高锰酸盐指数

一、判断题

1.酸性法测定高锰酸盐指数的水样时,在采集后若不能立即分析,应加入浓硫酸,使 pH<2,若为碱性法测定的水样,则不必加保存剂。　　　　　　　　　( )

2.因高锰酸钾溶液见光分解,故必须贮于棕色瓶中。　　　　　　　　　( )

3.测定水中高锰酸盐指数时,沸水浴后的水面要达到锥形瓶内溶液面的 2/3高度。　　　　　　　　　　　　　　　　　　　　　　　　　　　　　　( )

4.高锰酸盐指数可作为理论需氧量或有机物含量的指标。　　　　　　　( )

5.测定水中高锰酸盐指数加热煮沸时,若延长加热时间,会导致测定结果偏高。　　　　　　　　　　　　　　　　　　　　　　　　　　　　　　　( )

二、选择题

1.碱性法测定水中高锰酸盐指数时,水样中加入高锰酸钾并在沸水浴中加热后,高锰酸根被还原为( )。

A. Mn^{2+} 　　　　　　　　B. MnO_2 　　　　　　　　C. MnO_3^{2-}

2.测定水中高锰酸盐指数时,在沸水浴加热完毕后,溶液仍应保持微红色,若变浅或全部褪去接下来的操作是( )。

A.加入浓度为 0.01mol

B.继续加热 30min

C.将水样稀释或增加稀释倍数后重测

3.测定水中高锰酸盐指数时,对于浓度高的水样需进行稀释,稀释倍数以加热氧化后残留的高锰酸钾溶液为其加入量的( )为宜。

A. 1/3~1/2 　　　　　　　B. 1/3~2/3 　　　　　　　C. /3~3/4

4.测定高锰酸盐指数所用的蒸馏水,需加入( )溶液后进行重蒸馏。

A.氢氧经钠 　　　　　　　B.高锰酸钾 　　　　　　　C.亚硫酸钠

三、问答题

测定水中高锰酸盐指数时,水样采集后,为什么用 H_2SO_4 酸化至 pH<2 而不能用 HNO_3 或 HCl 酸化?

四、计算题

测定水中高锰酸盐指数时,欲配制 0.1000mol/L 草酸钠标准溶液 100mL,应称取优级纯草酸钠多少克?(草酸钠分子量:134.10)

任务2　地表水中 COD_{Cr} 的测定

★了解地表水的有机物污染；

★理解 COD_{Cr} 的含义；

★理解地表水中 COD_{Cr} 的测定原理。

技能目标

◆会 COD_{Cr} 测定水样的采集与保存；

◆会地表水中 COD_{Cr} 含量的测定。

职业标准

▼中华人民共和国国家标准，水质化学需氧量的测定重铬酸钾法（Water quality—Determination of chemical oxygen demand dichromate method），GB 11914—89。

▼中华人民共和国环境保护行业标准，地表水和污水监测技术规范（Technical Specifications Requirements for Monitoring of Surface Water and Waste Water），HJ/T 91—2002。

实训任务

杭州市经济技术开发区"消防主题公园"清源桥断面采样点 COD_{Cr} 的测定。

实训操作

1　方法原理

在强酸性溶液中，一定量的重铬酸钾氧化水中还原性物质，过量的重铬酸钾以试亚铁灵作为指示剂。用硫酸亚铁铵溶液回滴，根据用量算出水样中还原性物质消耗氧的量。

酸性重铬酸钾氧化性很强，可氧化大部分有机物，加入硫酸银做催化剂时，直链脂肪族化合物可完全被氧化，而芳香族有机物却不易被氧化，吡啶不被氧化，挥发性直链脂肪族化合物、苯等有机物存在于蒸气相，不能与氧化剂液体接触，氧化不明显。氯离子含量高于 2000mg/L 的样品应先做定量稀释,使含量降低至 2000mg/L 以下,再进行测定。

用 0.25mol/L 浓度的重铬酸钾溶液可测定大于 50mg/L 的 COD 值,用 0.025mol/L 浓度的重铬酸钾溶液可测定 5～50mg/L 的 COD 值,但准确性较差。

反应过程:

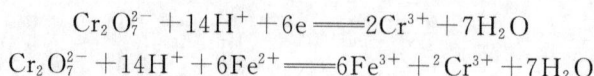

$$Cr_2O_7^{2-} + 14H^+ + 6e \Longrightarrow 2Cr^{3+} + 7H_2O$$
$$Cr_2O_7^{2-} + 14H^+ + 6Fe^{2+} \Longrightarrow 6Fe^{3+} + 2Cr^{3+} + 7H_2O$$

2　仪器与试剂

(1)回流装置:带 250mL 锥形瓶的全玻璃回流装置(如取样量在 30mL 以上,采用 500mL 锥形瓶的全玻璃回流装置)。

(2)加热装置:电热板或变阻电炉。

(3)50mL 酸式滴定管。

(4)重铬酸钾标准溶液($K_2Cr_2O_7$ 浓度为 0.2500mol/L):称取预先在 120℃烘干 2h 的基准或优级纯重铬酸钾 12.258g 溶于水中,移入 1000mL 容量瓶,稀释至标线,摇匀。

(5)试亚铁灵指示液:称取 1.485g 邻菲罗啉($C_{12}H_8N_2 \cdot H_2O$ 1,10-phenanthnoline),0.695g 硫酸亚铁($FeSO_4 \cdot 7H_2O$)溶于水中,稀释至 100mL,储于棕色瓶内。

(6)硫酸亚铁铵标准溶液[$(NH_4)_2Fe(SO_4)_2 \cdot 6H_2O$ 浓度为 0.1mol/L]。称取 39.5g 硫酸亚铁铵溶于水中,边搅拌边缓慢加入 20mL 浓硫酸,冷却后移入 1000mL 容量瓶中,加水稀释至标线,摇匀。临用前,用重铬酸钾标准溶液标定。

标定的方法:标准吸取 10.00mL 重铬酸钾标准溶液于 500mL 锥形瓶中,加水稀释至 110mL 左右,缓慢加入 30mL 浓硫酸,混匀。冷却后,加入 3 滴亚铁灵指示液(约 0.15mL),用硫酸亚铁铵溶液滴定,溶液的颜色有黄色经蓝绿色至红褐色即为终点。

$$c[(NH_4)_2Fe(SO_4)_2] = (0.2500 \times 10.00)/V$$

式中:$c[(NH_4)_2Fe(SO_4)_2]$——硫酸亚铁铵标准溶液的浓度,mol/L;

V——硫酸亚铁铵标准滴定溶液的用量,mL。

(7)硫酸-硫酸银溶液:于 2500mL 浓硫酸溶液中加入 25g 硫酸银。放置 1～2d,不时摇动使其溶解(如无 2500mL 容器,可在 500mL 浓硫酸中加入 5g 硫酸银)。

(8)硫酸汞:结晶或粉末。

3　测定步骤

(1)取 20.00mL 混合均匀的水样(或适量水样稀释至 20.00mL)置 250mL 磨

口的回流锥形瓶中,准确加入 10.00mL 重铬酸钾标准溶液及数粒小玻璃珠或沸石,连接磨口回流冷凝管,从冷凝管上慢慢加入 30mL 硫酸银溶液。轻轻摇动锥形瓶使溶液混匀,加热回流 2h(自开始沸腾时计时)。

(2)对于化学需氧量的废水样,可先取上述操作所需体积 1/10 的废水样和试剂:于 15mm×150mm 硬质玻璃试管中,摇匀,加热后观察是否变成绿色。如溶液显绿色,再适当减少废水取样量,直至溶液不变绿色为止。从而确定废水样分析时应取用的体积。稀释时,所取废水样量不得少于 5mL,如果化学需氧量很高,则废水应多次稀释。

(3)废水中氯离子含量超过 30mg/L 时,应先把 0.4g 硫酸汞加入回流锥形瓶中,再加 20.00mL 废水(或适量废水稀释至 20.00mL),摇匀。以下操作同实验步骤。

(4)冷却后,用 90mL 水冲洗冷凝管壁,取下锥形瓶。溶液总体积不得少于 140mL,否则因酸度太大,滴定终点不明显。

(5)溶液再度冷却后,加 3 滴亚铁灵指示液,用硫酸亚铁铵标准溶液滴定,溶液的颜色由黄色经蓝绿色至红褐色即为终点,记录硫酸亚铁铵标准溶液的用量。

(6)测定水样的同时,以 20.00mL 重蒸馏水,按同样操作步骤做空白实验。

(7)记录滴定空白时硫酸亚铁铵标准溶液的用量。

4　数据处理

$$CODcr 浓度(以 O_2 计)(mg/L) = (V_0 - V_1) \times c \times 8 \times 1000/V$$

式中:c——硫酸亚铁铵标准溶液的浓度,mol/L;

V_0——滴定空白时硫酸亚铁铵标准溶液的用量,mL;

V_1——滴定时硫酸亚铁标准溶液的用量,mL;

V——水样的体积,mL;

8——氧($1/2$ O)摩尔质量,g/mol。

5　注意事项

(1)使用 0.4g 硫酸汞铬合氯离子的最高量可达 40mg,如取用 20.00mL 水样,即最高可铬合 2000g/L 氯离子浓度的水样。若氯离子浓度较低,也可少加硫酸汞,使保持硫酸汞:氯离子=10:1(质量分数)。若出现少量氯化汞沉淀,并不影响测定。

(2)水样取用体积可在 10.00~50.00mL 范围之间,但试剂用量及浓度需按表 4-1 进行相应调整,也可得到满意的结果。

(3)于化学需氧量小于 50mg/L 的水样,应改用 0.0250mol/L 重铬酸钾标准溶液,回滴时用 0.01mol/L 硫酸亚铁铵标准溶液。

(4)水样加热回流后,溶液中重铬钾剩余量应为加入量的 1/5～4/5 为宜。

(5)用邻苯二钾酸氢钾标准溶液检查试剂的质量和操作技术时,由于每克邻苯二钾酸氢钾的理论 CODcr 为 1.176g,所以溶解 0.4251g 邻苯二钾酸氢钾($HOOCC_6H_4COOK$)于重蒸馏水中,转入 1000mL 容量瓶,用重蒸馏水稀释至标线,使之成为 500mg/L 的 CODcr 标准溶液,用时新配。

(6)CODcr 的测定结果应保留三位有效数字。

(7)每次实验时应对硫酸亚铁标准溶液进行标定,室温较高时尤其要注意其浓度变化。

表 4-1　水样取用量和试剂用量

水样体积(mL)	0.2500mol/L $K_2Cr_2O_7$ 溶液(mL)	H_2SO_4-Ag_2SO_4 (mL)	$HgSO_4$ (g)	$FeSO_4(NH_3)_2SO_4$ (mol/L)	滴定前总体积(mL)
10.0	5.0	15	0.2	0.050	70
20.0	10.0	30	0.4	0.100	14
30.0	15.0	45	0.6	0.150	210
40.0	20.0	60	0.8	0.200	280
50.0	25.0	75	1.0	0.250	350

知识链接 ——CODcr 的测定

1　快速消解分光光度法(HJ/T399—2007)

本法适用于地表水、地下水、生活污水和工业废水中化学需氧量(COD)的测定。本法对未经稀释的水样,其 COD 测定下限为 15mg/L,测定上限为 1000mg/L,其氯离子质量浓度不应大于 1000mg/L。

本法对于化学需氧量(COD)大于 1000mg/L,或氯离子含量大于 1000mg/L 的水样,可经适当稀释后进行测定。

试样中加入已知量的重铬酸钾溶液,在强硫酸介质中,以硫酸银作为催化剂,经高温消解后,用分光光度法测定 COD 值。

当试样中 COD 值为 100～1000mg/L,在 600±20nm 波长处测定重铬酸钾被还原产生的三价铬(Cr^{3+})的吸光度,试样中 COD 值与三价铬(Cr^{3+})的吸光度的增加值成正比例关系,将三价铬(Cr^{3+})的吸光度换算成试样的 COD 值。

当试样中 COD 值为 15～250mg/L,在 440±20nm 波长处测定重铬酸钾未被还原的六价铬(Cr^{6+})和被还原产生的三价铬(Cr^{3+})的两种铬离子的总吸光度;试样中 COD 值与六价铬(Cr^{6+})的吸光度减少值成正比例,与三价铬(Cr^{3+})的吸光度增加值成正比例,与总吸光度减少值成正比例,将总吸光度值换算成试样的

COD 值。

警告:硫酸汞属于剧毒化学品,硫酸也具有较强的化学腐蚀性,操作时应按规定要求佩戴防护器具,避免接触皮肤和衣服,若含硫酸溶液溅出,应立即用大量清水清洗;在通风柜内进行操作;检测后的残渣残液应做妥善的安全处理。

2　恒电流库仑滴定法

恒电流库仑滴定法是一种建立在电解基础上的分析方法。其原理为在试液中加入适当物质,以一定强度的恒定电流进行电解,使之在工作电极(阳极或阴极)上电解产生一种试剂(称滴定剂),该试剂与被测物质进行定量反应,反应终点可通过电化学等方法指示。依据电解消耗的电量和法拉第电解定律可计算被测物质的含量。法拉第电解定律的数学表达式为:

$$W = (I \cdot tM)/96500 \cdot n$$

式中:W——电极反应物的质量(g);

I——电解电流(A);

t——电解时间(s);

96500——法拉第常数(C);

M——电极反应物的摩尔质量(g);

n——每克分子反应物的电子转移数。

库仑式 COD 测定仪由库仑滴定池、电路系统和电磁搅拌器等组成。库仑池由工作电极对、指示电极对及电解液组成,其中,工作电极对为双铂片工作阴极和铂丝辅助阳极(置于充 $3mol/L H_2SO_4$,底部具有液络部的玻璃管内),用于电解产生滴定剂;指示电极对为铂片指示电极(正极)和钨棒参比电极(负极,置于充饱和硫酸钾溶液、底部具有液络部的玻璃管中),以其电位的变化指示库仑滴定终点。电解液为 10.2mol/L 硫酸、重铬酸钾和硫酸铁混合液。电路系统由终点微分电路、电解电流变换电路、频率变换积分电路、数字显示逻辑运算电路等组成,用于控制库仑滴定终点,变换和显示电解电流,将电解电流进行频率转换、积分,并根据电解定律进行逻辑运算,直接显示水样的 COD 值。

使用库仑式 COD 测定仪测定水样 COD 值的要点是:在空白溶液(蒸馏水加硫酸)和样品溶液(水样加硫酸)中加入同量的重铬酸钾溶液,分别进行回流消解15min,冷却后各加入等量的硫酸铁溶液,于搅拌状态下进行库仑电解滴定,即 Fe^{3+} 在工作阴极上还原为 Fe^{2+}(滴定剂)去滴定(还原)$Cr_2O_7^{2-}$。库仑滴定空白溶液中 $Cr_2O_7^{2-}$ 得到的结果为加入重铬酸钾的总氧化量(以 O_2 计);库仑滴定样品溶液中 $Cr_2O_7^{2-}$ 得到的结果为剩余重铬酸钾的氧化量(以 O_2 计)。设前者需电解时间为 t_0,后者需 t,则据法拉第电解定律可得:

$$W = \frac{I(t_0 - t_1)}{96500} \cdot \frac{M}{n}$$

式中:W——被测物质的重量,即水样消耗的重铬酸钾相当于氧的克数;

I——电解电流;

M——氧的分子量(32);

n——氧的得失电子数(4);

96500——法拉第常数。

设水样 COD 值为 c_x(mg/L);水样体积为(V),则 $W=\dfrac{V}{1000} \cdot c_x$ 代入上式,经整理后得:

$$c_x = \frac{I(t_0 - t_1)}{96500} \times \frac{8000}{V}$$

注:本方法简便、快速、试剂用量少,不需标定滴定溶液,尤其适合于工业废水的控制分析。当用 3mL0.05mol/L 重铬酸钾溶液进行标定值测定时,最低检出浓度为 3mg/L;测定上限为 100mg/L。但是,只有严格控制消解条件一致和注意经常清洗电极,防止沾污,才能获得较好的重现性。

习　题 ——COD

一、填空题

1. 某分析人员量取浓度为 0.250mol/L 的重铬酸钾标准溶液 10.00mL,标定硫代硫酸钠溶液时,用去硫代硫酸钠溶液 10.08mL,该硫代硫酸钠溶液的浓度为 _____ mol/L。

2. 氯离子含量大于 _____ mg/L 的废水即为高氯废水。

3. 用碘化钾碱性高锰酸钾法测定化学需氧量时,若水样中含有亚硝酸盐,则在酸化前应先加入 4% _____ 溶液将其分解。若水样中不存在亚硝酸盐,则可不加该试剂。

4. 《高氯废水化学需氧量的测定碘化钾碱性高锰酸钾法》(HJ/T132—2003)中的 K 值表示碘化钾碱性高锰酸钾法测定的样品氧量与 _____ 法测定的样品氧量的 _____ 值。

5. 碘化钾碱性高锰酸钾法测定水中化学需氧量的过程中,加入 0.05mol/L 高锰酸钾溶液 10.00mL 并摇匀后,将碘量瓶立即放入沸水浴中加热 _____ min(从水浴重新沸腾起计时),沸水溶液面要 _____ 反应溶液的液面。

6. 重铬酸盐法测定水中化学需氧量时,水样须在 _____ 性介质中,加热回流 _____ h。

7. 重铬酸盐法测定水中 COD,若水样中氯离子含量较多而干扰测定时,可加入 _____ 去除。

8. 快速密闭催化消解法测定水中 COD,在消解体系中加入的助催化剂是 _____ 与 _____。

9. 用快速密闭催化消解法测定水中化学需氧量时,加热消解结束,取出加热管。_____后,再用硫酸亚铁铵标准溶液滴定,同时做_____实验。

10.欲保存用于测定 COD 的水样,须加入_____,使 pH_____。

11.快速密闭催化消解法测定高氯废水中的化学需氧量时,若出现沉淀,说明_____使用的浓度不够,应适当提高其使用浓度。

12.氯气校正法适用于氯离子含量_____mg/L 的高氯废水中化学需氧量测定。

13.在 COD 和氯离子校正值的计算公式中,8000 表示 $1/4O_2$ 的_____质量以_____为单位的换算值。

二、判断题

1.1%淀粉溶液可按如下步骤配制,称取 1.0g 可溶性淀粉后,用刚煮沸的水冲稀至 100mL。　　　　　　　　　　　　　　　　　　　　　　（　　）

2.用碘化钾碱性高锰酸钾法测定高氯废水中化学需氧量时,若水样中含有氧化性物质,应预先于水样中加入硫代硫酸钠去除。　　　　　　（　　）

3.用碘化钾碱性高锰酸钾法测定高氯废水中的化学需氧量时,若水样中含有几种还原性物质,则取它们的平均 K 值作为水样的 K 值。　　　（　　）

4.重铬酸盐法测定水中化学需氧量中,用 0.0250mol/L 浓度的重铬酸钾溶液可测定 COD 值大于 50mg/L 的水样。　　　　　　　　　　　　（　　）

5.重铬酸钾法测定水中化学需氧量使用的试亚铁灵指示液,是由邻菲啰啉和硫酸亚铁铵溶于水配制而成的。　　　　　　　　　　　　　　（　　）

6.用快速密闭催化消解法测定水中化学需氧量时,当水样中 COD 值约为 200mg/L 时选择浓度为 0.05mol/L 的重铬酸钾消解液。　　　　　（　　）

7.在一定条件下,水中能被重铬酸钾氧化的所有物质的量,称为化学需氧量,以氧的毫克数表示。　　　　　　　　　　　　　　　　　　（　　）

8.硫酸亚铁铵标准溶液临用前需用重铬酸钾标准液标定。　　（　　）

9.用快速密闭催化消解法测定高氯废水中的化学需氧量时,水样消解时一定要先加掩蔽剂,然后再加其他试剂。　　　　　　　　　　　　　（　　）

10.欲配制 2mol/L 硫酸溶液,取 945mL 水缓慢倒入 55mL 浓硫酸中,并不断搅拌。　　　　　　　　　　　　　　　　　　　　　　　　（　　）

11.重铬酸钾标准溶液相当稳定,只要贮存在密闭容器中,浓度长期不变。
　　　　　　　　　　　　　　　　　　　　　　　　　　　（　　）

12.氯气校正法测定高氯废水中化学需氧量时,氯离子校正值是指水样中被氧化的氯离子生成的氯气所对应的氧的质量浓度。　　　　　　　（　　）

13.配制硫酸亚铁铵标准溶液时,只需用托盘天平粗称硫酸亚铁铵固体试剂,溶于水中再加入浓硫酸,冷却后定容即可,临用前再用重铬酸钾标准溶液标定。
　　　　　　　　　　　　　　　　　　　　　　　　　　　（　　）

14.《地表水环境质量标准》(GB 3838—2002)中 III 类水的 COD 标准限值为

20mg/L。　　　　　　　　　　　　　　　　　　　　　　　　　　（　　　）

　　15.测定COD的水样必须用玻璃瓶采集。　　　　　　　　　　（　　　）

　　16.在电镀工业排放废水中,COD为必测项目。　　　　　　　（　　　）

三、选择题

　　1.《高氯废水化学需氧量的测定碘化钾碱性高锰酸钾法》(HJ/T 132—2003)
的最低检出限为(　　　)mg/L。

　　A.0.02　　　　　　B.0.30　　　　　　C.20　　　　　　D30

　　2.碘化钾碱性高锰酸钾法测定高氯废水中化学需氧量时,水样采集后应尽快
分析,若不能立即分析,加入保存剂后于4℃冷藏保存并在(　　　)d内测定。

　　A.1　　　　　　　B.2　　　　　　　C.3　　　　　　　D.7

　　3.用碘化钾碱性高锰酸钾法测定高氯废水中化学需氧量时,若水样中含有
Fe^{3+},可加入(　　　)%氯化钾溶液消除干扰。

　　A.20　　　　　　　B.25　　　　　　C.30　　　　　　　D.35

　　4.用重铬酸盐法测定水中化学需氧量时,用(　　　)作催化剂。

　　A.硫酸-硫酸银　　　　B.硫酸-氯化汞　　　　C.硫酸-硫酸汞

　　5.用重铬酸盐法测定水中化学需氧量时,水样加热回流后,溶液中重铬酸钾溶
液剩余量应是加入量的1/5~(　　　)为宜。

　　A.2/5　　　　　　　B.3/5　　　　　　　C.4/5

　　6.0.4g硫酸汞最高可络合(　　　)mg氯离子(硫酸汞分子量为296.65,氯分子
量为70.91)。

　　A.30　　　　　　　B.35　　　　　　C.40　　　　　　　D.45

　　7.重铬酸盐法测定水中化学需氧量过程中,用硫酸亚铁铵回滴时,溶液的颜色
由黄色经蓝绿色至(　　　)即为终点。

　　A.棕褐色　　　　　　B.红褐色　　　　　　C.黄绿色

　　8.测定水中化学需氧量的快速密闭催化消解法与常规法相比缩短了消解时
间,是因为密封消解过程中加入了助催化剂,同时是在(　　　)下进行的。

　　A.催化　　　　　　　B.加热　　　　　　　C.加压

　　9.用快速密闭催化消解法测定水中化学需氧量中,当水样中COD值<50mg/L
时,消解液中重铬酸钾浓度应选择(　　　)mol/L。

　　A.0.02　　　　　　B.0.05　　　　　　C.0.4　　　　　　　D.0.5

　　10.快速密闭催化消解法测定水中化学需氧量时,所用的掩蔽剂为(　　　)。

　　A.硫酸-硫酸汞　　　　B.硫酸-硫酸银　　　　C.硫酸铝钾与钼酸铵

　　11.快速密闭催化消解法测定水中化学需氧量时,对于化学需氧量含量在
10mg/L左右的样品,一般相对偏差可保持在(　　　)%左右。

　　A.5　　　　　　　　B.10　　　　　　C.15　　　　　　　D.20

　　12.用氯气校正法测定高氯废水中化学需氧量中,氮气纯度要求至少大于(　　　)%。

A．99.0　　　　　B．99.9　　　　　C．99.99　　　　　D．99.999

13. 用氯气校正法测定高氯废水中化学需氧量时，水样需要在（　　）介质中回流消解。

A．强酸　　　　　B．弱酸　　　　　C．强碱　　　　　D弱碱

14. 用氯气校正法测定高氯废水中化学需氧量时，防暴沸玻璃珠的直径应为 4～（　　）mm。

A．5　　　　　　B．6　　　　　　C．8　　　　　　D．10

15. 测定高氯废水中化学需氧量的氯气校正法规定，配制好的硫代硫酸钠标准滴定溶液，在放置（　　）后再标定其准确浓度。

A．一天　　　　　B．一周　　　　　C．两周　　　　　D．一个月

四、问答题

1. 简述碘化钾碱性高锰酸钾法测定高氯废水中，化学需氧量的适用范围。

2. 简述在高氯废水的化学需氧量测定中，滴定时淀粉指示剂的加入时机。

3. 化学需氧量作为一个条件性指标，有哪些因素会影响其测定值？

4. 邻苯二甲酸氢钾通常于 105～120℃下干燥后备用，干燥温度为什么不可过高？

五、计算题

1. 取某水样 20.00mL 加入 0.0250mol/L 重铬酸钾溶液 10.00mL，回流 2h 后，用水稀释至 140mL，用 0.1025mol/L 硫酸亚铁铵标准溶液滴定，消耗 22.80mL，同时做全程序空白，消耗硫酸亚铁铵标准溶液 24.35mL，试计算水样中 COD 的含量。

2. 用邻苯二甲酸氢钾配制 COD 为 500mg/L 的溶液 1000mL，问需要称邻苯二甲酸氢钾多少克？（$KHC_8H_4O_4$ 分子量为 204.23）

任务 3　地表水中 DO 的测定

📋 **知识目标**

★认识 DO 水环境指标的意义；

★理解地表水中 DO 的测定原理。

🔧 **技能目标**

◆会 DO 测定所需水样的采集与保存；

◆会碘量法测定地表水中 DO 含量。

职业标准

▼中华人民共和国国家标准,水质溶解氧的测定碘量法(Water Quality—Determination of Dissolved Oxygen—Iodometric Method), GB 7489—87。

▼中华人民共和国环境保护行业标准,地表水和污水监测技术规范(Technical Specifications Requirements for Monitoring of Surface Water and Waste Water), HJ/T 91—2002。

实训任务

杭州市经济技术开发区"消防主题公园"清源桥断面采样点 DO 的测定。

实训操作

1 原理

溶于水中的氧称为溶解氧,当水体受到还原性物质污染时,溶解氧即下降,而有藻类繁殖时,溶解氧呈过饱和。因此,水体中溶解氧的变化情况,在一定程度上反映了水体受污染的程度。

在水中加入硫酸锰及碱性碘化钾溶液,生成氢氧化锰沉淀。此时氢氧化锰性质极不稳定,迅速与水中溶解氧化合生成锰酸锰:

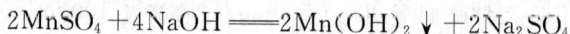

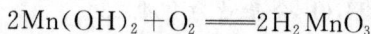

$$2MnSO_4 + 4NaOH =\!=\!= 2Mn(OH)_2 \downarrow + 2Na_2SO_4$$

$$2Mn(OH)_2 + O_2 =\!=\!= 2H_2MnO_3$$

$$H_2MnO_3 + Mn(OH)_2 =\!=\!= MnMnO_3 \downarrow + 2H_2O$$

$$(\text{棕色沉淀})$$

加入浓硫酸使棕色沉淀($MnMnO_3$)与溶液中所加入的碘化钾发生反应,而析出碘,溶解氧越多,析出的碘也越多,溶液的颜色也就越深。

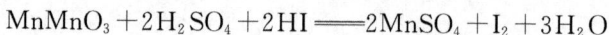

$$2KI + H_2SO_4 =\!=\!= 2HI + K_2SO_4$$

$$MnMnO_3 + 2H_2SO_4 + 2HI =\!=\!= 2MnSO_4 + I_2 + 3H_2O$$

$$I_2 + 2Na_2S_2O_3 =\!=\!= 2NaI + Na_2S_4O_6$$

用移液管取一定量的反应完毕的水样,以淀粉做指示剂,用标准溶液滴定,计算出水样中溶解氧的含量。

2 仪器与试剂

(1)具塞碘量瓶(250~300mL)。

(2)硫酸锰溶液。称取 480g $MnSO_4 \cdot 4H_2O$ 溶于 300~400mL 水中,若有不溶

物,应过滤,后稀释至1L。(此溶液在酸性时,加入 KI 后,遇淀粉不变色。)

(3)碱性碘化钾溶液。称取 500gNaOH 溶于 300~400mL 蒸馏水中,称取 150gKI 溶于 200mL 蒸馏水中,待 NaOH 溶液冷却后将两种溶液合并,混匀,用蒸馏水稀释至1L。若有沉淀,则放置过夜后,倾出上层清液,储于塑料瓶中,用黑纸包裹避光保存。

(4)浓硫酸。

(5)3mol/L 硫酸溶液。

(6)1%淀粉溶液。称取 1g 可溶性淀粉,用少量水调成糊状,然后加入刚煮沸的 100mL 水(也可加热 1~2min)。冷却后加入 0.1g 水杨酸或 0.4 氯化锌防腐。

(7)0.0250mol/L 重铬酸钾标准溶液。称取 7.3548g 在 105~110℃烘干 2h 的优级纯重铬酸钾,溶解后转入 1000mL 容量瓶内,用水稀释至刻度、摇匀。

(8)0.0205mol/L 硫代硫酸钠溶液。称取 $6.2gNa_2S_2O_3 \cdot 5H_2O$,溶于经煮沸冷却的水中,加入 0.2g 无水硫酸钠,稀释至 1000mL,储于棕色试剂瓶内,使用前用 0.0250mol/L 重铬酸钾标准溶液标定。标定方法如下:

在 250mL 碘量瓶中加入 100mL 水、1.0g 碘化钾、5.00mL0.0250mol/L 重铬酸钾溶液和 5mL3mol 硫酸,摇匀,加塞后置于暗处 5min,用待标定的硫代硫酸钠溶液滴定至浅黄色,然后加入 1%淀粉溶液 1.0mL,继续滴定至蓝色刚好消去,记录用量。平行做 3 份。

硫代硫酸钠的物质的量浓度 c_1 为:

$$c_1 = \frac{c_2 \times V_2}{V_1}$$

式中:c_2——重铬酸钾标准溶液的物质的量浓度;

　　　V_1——消耗的硫代硫酸钠溶液的体积;

　　　V_2——重铬酸钾标准溶液的体积。

3　实验步骤

(1)将洗净的 250mL 碘量瓶用待测水样荡洗 3 次。用虹吸水样注满碘量瓶,迅速盖紧瓶盖,瓶中不能留有气泡。平行做 3 份水样。

(2)取下瓶塞,分别加入 1.0mL 硫酸锰溶液和 2.0mL 碱性碘化钾溶液(加溶液时,移液管顶端应插入液面以下)。盖上瓶塞,注意瓶内不能留有气泡,然后将碘量瓶反复摇动数次,静置,当沉淀物下降至瓶高一半时,再颠倒摇动一次。继续静置,待沉淀物下降至瓶底后,轻启瓶塞,加入 2.0mL 硫酸(移液管插入液面以下)。小心盖好瓶塞颠倒摇匀。此时沉淀应溶解。若溶解不完全,可再加入少量浓硫酸至溶液澄清且呈黄色或棕色(因析出游离碘)。置于暗处 5min。

(3)从每个碘量瓶内取出 2 份 100.0mL 水样,分别置于 2 个 250mL 碘量瓶中,用硫代硫酸钾溶液滴定。当溶液呈微黄色时,加入 1% 淀粉溶液 1mL,继续滴定至蓝色刚好消失为止,记入用量。

4 数据处理

$$溶解氧浓度(mg/L) = \frac{c_1 \times V_1}{100}$$

式中:c_1——硫代硫酸钠溶液的物质的量浓度;

    V_1——消耗的硫代硫酸钠溶液的体积。

(1)标定硫代硫酸钠

编号	$c(1/6K_2Cr_2O_7)$ (mol/L)	$v(1/6K_2Cr_2O_7)$ (mL)	$v(Na_2S_2O_3)$ (mL)	$c(Na_2S_2O_3)$ (mol/L)	$d_{相对}$ (%)
1					
2					
3					
平均值					

(2)样品测定

编号	$c(Na_2S_2O_3)$ (mol/L)	$v(Na_2S_2O_3)$ (mL)	DO (O_2,mg/L)	$d_{相对}$ (%)
1				
2				
3				
平均值				

5 注意事项

(1)水样呈强酸或强碱时,可用氢氧化钾或盐酸调至中性后测定。

(2)水样中游离氯大于 0.1mg/L 时,应加入硫代硫酸钠除去,方法如下:

250mL 的碘量瓶装满水样,加入 5mL 3mol/L 硫酸和 1g 碘化钾,摇匀,此时应有碘析出,吸取 100.0mL 该溶液与另一个 250mL 碘量瓶中,用硫代硫酸钠标准溶液滴定至浅黄色,加入 1% 淀粉溶液 1.0mL,再滴定至蓝色刚好消失。根据计算得到氯离子浓度,向待测水样中加入一定量的硫代硫酸钠溶液,以消除游离氯的影响。

(3)水样采集后,应加入硫酸锰和碱性碘化钾溶液以固定溶解氧,当水样含有藻类、悬浮物、氧化还原性物质,必须进行预处理。

知识链接 ——**溶解氧**(DO)

1　概述

溶解氧指溶解在水中的分子态氧,通常记作 DO,用每升水中氧的毫克数和饱和百分率表示。溶解氧的饱和含量与空气中氧的分压、大气压、水温和水质有密切的关系。大气压力下降、水温升高、含盐量增加,都会导致溶解氧含量降低。

清洁地表水溶解氧接近饱和。当有大量藻类繁殖时,溶解氧可能过饱和;当水体受到有机物质、无机还原物质污染时,会使溶解氧含量降低,甚至趋于零,此时厌氧细菌繁殖活跃,水质恶化。水中溶解氧低于 3~4mg/L 时,许多鱼类呼吸困难;继续减少,则会窒息死亡。一般规定水体中的溶解氧至少在 4mg/L 以上。在废水生化处理过程中,溶解氧也是一项重要控制指标。

测定水中溶解氧的方法有碘量法及其修正法和氧电极法。清洁水可用碘量法;受污染的地面水和工业废水必须用修正的碘量法或氧电极法。

2　溶解氧测定

2.1　电化学探头法(HJ506—2009,代替 GB 11913—89)

本法适用于地表水、地下水、生活污水、工业废水和盐水中溶解氧的测定,可测定水中饱和百分率为 0%~100% 的溶解氧,还可测量高于 100%(20mg/L)的过饱和溶解氧。

溶解氧电化学探头是一个用选择性薄膜封闭的小室,室内有两个金属电极并充有电解质。氧和一定数量的其他气体及亲液物质可透过这层薄膜,但水和可溶性物质的离子几乎不能透过这层膜。将探头浸入水中进行溶解氧的测定时,由于电池作用或外加电压在两个电极间产生电位差,使金属离子在阳极进入溶液,同时氧气通过薄膜扩散在阴极获得电子被还原,产生的电流与穿过薄膜和电解质层的氧的传递速度成正比,即在一定的温度下该电流与水中氧的分压(或浓度)成正比。薄膜对气体的渗透性受温度变化的影响较大,要采用数学方法对温度进行校正,也可在电路中安装热敏元件对温度变化进行自动补偿。

若仪器在电路中未安装压力传感器不能对压力进行补偿时,仪器仅显示与气压有关的表观读数,当测定样品的气压与校准仪器时的气压不同时,应按规定进行校正。若测定海水、港湾水等含盐量高的水,应根据含盐量对测量值进行修正。

2.2　叠氮化钠修正法

水样中含有亚硝酸盐会干扰碘量法测定溶解氧,可用叠氮化钠将亚硝酸盐分解后再用碘量法测定。分解亚硝酸盐的反应如下：

$$2NaN_3 + H_2SO_4 === 2HN_3 + Na_2SO_4$$

$$HNO_2 + NH_3 === N_2O + N_2 + H_2O$$

亚硝酸盐主要存在于经生化处理的废水和河水中，它能与碘化钾作用释放出游离碘而产生正干扰，即：

$$2HNO_2 + 2KI + H_2SO_4 === K_2SO_4 + 2H_2O + N_2O_2 + I_2$$

如果反应到此为止，引入误差尚不大；但当水样和空气接触时，新溶入的氧将和 N_2O_2 作用，再形成亚硝酸盐：

$$2N_2O_2 + 2H_2O + O_2 === 4HNO_2$$

如此循环，不断地释放出碘，将会引入相当大的误差。

当水样中三价铁离子含量较高时，干扰测定，可加入氟化钾或用磷酸代替硫酸酸化来消除。

测定结果按下式计算：

$$DO(O_2, mg/L) = \frac{M \cdot V \times 8 \times 1000}{V_水}$$

式中：M——硫代硫酸钠标准溶液浓度(mol/L)；

V——滴定消耗硫代硫酸钠标准溶液体积(mL)；

$V_水$——水样体积(mL)；

8——氧换算值(g)。

$$溶解氧饱和度(\%) = \frac{水中溶解氧含量}{采样水温和气压下饱和溶解氧含量} \%$$

应当注意，叠氮化钠是剧毒、易爆试剂，不能将碱性碘化钾-叠氮化钠溶液直接酸化，以免产生有毒的叠氮酸雾。

2.3 高锰酸钾修正法

该方法适用于含大量亚铁离子，不含其他还原剂及有机物的水样。用高锰酸钾氧化亚铁离子，消除干扰，过量的高锰酸钾用草酸钠溶液除去，生成的高价铁离子用氟化钾掩蔽。其他同碘量法。

作业——溶解氧

一、填空题

1.碘量法测定水中溶解氧时，为固定溶解氧，水样采集后立即加入硫酸锰和碱性碘化钾，水中溶解氧将低价锰氧化成高价锰，生成_____沉淀。

2.用碘量法测定水中 DO 时，应选择 DO 瓶采样，采集过程中要注意不使水样_____在采样瓶中。

3.一般来说，水中溶解氧浓度随着大气压的增加而_____，随着水温的升高而_____。

4.碘量法测定水中溶解氧时,水样中氧化性物质使碘化物游离出 I_2,若不加以修正,由此测得的 DO 值比实际值_____;而还原性物质可消耗碘,由此测得的 DO 比实际值_____。

5.碘量法测定水中溶解氧时,若水样有色或含有消耗碘的悬浮物时,应采用_____法消除干扰。

二、判断题

1.碘量法测定水中溶解氧量,当水样中含有大量的亚硫酸盐、硫代硫酸盐和多硫代硫酸盐等物质时,可用高锰酸钾修正法消除干扰。　　　　　　　　　(　　)

2.用碘量法测定水中溶解氧,采样时,应沿瓶壁注入至溢出瓶容积的 1/3～1/2。　　　　　　　　　　　　　　　　　　　　　　　　　　　(　　)

3.碘量法测定水中溶解氧时,若亚铁离子含量高,应采用叠氮化钠修正法消除干扰。　　　　　　　　　　　　　　　　　　　　　　　　　(　　)

4.碘量法测定水中溶解氧中,配制淀粉溶液时,加入少量的水杨酸或氧化锌是为了防腐。　　　　　　　　　　　　　　　　　　　　　　　(　　)

5.碘量法测定水中溶解氧时,碱性碘化钾溶液配制后,应储于细口棕色瓶中,瓶用磨口玻璃塞塞紧,避光保存。　　　　　　　　　　　　　(　　)

三、选择题

1.采用碘量法测定水中溶解氧时,如遇含有活性污染悬浮物的水样,应采用(　　)消除干扰。

A.高锰酸钾修正法

B.硫酸铜一氨基磺酸絮凝法

C.叠氮化钠修正法

2.采用碘量法(叠氮化钠修正法)测定水中溶解氧时,所配制氟化钾溶液应贮存于(　　)中。

A.棕色玻璃瓶　　　　　　B.聚乙烯瓶　　　　　　C.加橡皮塞的玻璃瓶

3.采用碘量法(叠氮化钠修正法)测定水中溶解氧时,在加入固定剂前加入氟化钾溶液,以消除(　　)的干扰。

A.Fe^{3+}　　　　　　　　B.Fe^{2+}　　　　　　　　C.NO_2^-

4.若水体受到工业废水、城市生活污水、农牧渔业废水污染,会导致水中溶解氧浓度(　　)。

A.上升　　　　　　　　B.无影响　　　　　　　　C.下降

四、问答题

采用碘量法测定水中溶解氧,配制和使用硫代硫酸钠溶液时要注意什么?为什么?

五、计算题

采用碘量法(高锰酸钾修正法)测定水中溶解氧时,于 250mL 溶解氧瓶中,加入了硫酸、高锰酸钾、氟化钾溶液、草酸钾、硫酸锰和碱性碘化钾-叠氮化钠等各种固定溶液共 9.80mL 后将其固定；测定时加 2.0mL 硫酸将其溶解，取 100.00mL 于 250mL 锥形瓶中，用浓度为 0.0245mo/L 的硫代硫酸钠滴定，消耗硫代硫酸钠溶液 3.56mL。试问：该样品的溶解氧是多少？

任务4　地表水中 BOD_5 的测定

📝 知识目标

★了解地表水的有机物污染；

★理解 BOD_5 的含义；

★理解地表水中 BOD_5 的测定原理。

🔧 技能目标

◆会 BOD_5 测定水样的采集与保存；

◆会地表水中 BOD_5 含量的测定。

📢 职业标准

▼中华人民共和国国家环境保护标准，HJ505—2009（代替 GB/T 7488—1987），水质五日生化需氧量（BOD_5）的测定稀释与接种法[Water Quality—Determination of Biochemical Oxygen Demand After 5 Days（BOD_5）for Dilution and Seeding Method]。

▼中华人民共和国环境保护行业标准，地表水和污水监测技术规范（Technical Specifications Requirements for Monitoring of Surface Water and Waste Water），HJ/T 91—2002。

⚙ 实训任务

杭州市经济技术开发区"消防主题公园"清源桥断面采样点 BOD_5 的测定。

❓ 实训操作

1　适用范围

本标法适用于地表水、工业废水和生活污水中五日生化需氧量（BOD_5）的测定。方法的检出限为 0.5mg/L,方法的测定下限为 2mg/L,非稀释法和非稀释接种法的测定上限为 6mg/L,稀释与稀释接种法的测定上限为 6000mg/L。

2　方法原理

生化需氧量是指在规定的条件下,微生物分解水中的某些可氧化的物质,特别是分解有机物的生物化学过程消耗的溶解氧。通常情况下是指水样充满完全密闭的溶解氧瓶中,在 20±1℃的暗处培养 5d±4h 或(2+5)d±4h[先在 0～4℃的暗处培养 2d,接着在(20±1)℃的暗处培养 5d,即培养(2+5)d],分别测定培养前后水样中溶解氧的质量浓度,由培养前后溶解氧的质量浓度之差,计算每升样品消耗的溶解氧量,以 BOD_5 形式表示。

若样品中的有机物含量较多,BOD_5 的质量浓度大于 6mg/L,样品需适当稀释后测定;对不含或含微生物少的工业废水,如酸性废水、碱性废水、高温废水、冷冻保存的废水或经过氯化处理等的废水,在测定 BOD_5 时应进行接种,以引进能分解废水中有机物的微生物。当废水中存在难以被一般生活污水中的微生物以正常的速度降解的有机物或含有剧毒物质时,应将驯化后的微生物引入水样中进行接种。

3　试剂和材料

本法所用试剂除非另有说明,分析时均使用符合国家标准的分析纯化学试剂。

3.1　水

实验用水为符合 GB/T 6682 规定的 3 级蒸馏水,且水中铜离子的质量浓度不大于 0.01mg/L,不含有氯或氯胺等物质。

3.2　接种液

可购买接种微生物用的接种物质,接种液的配制和使用按说明书的要求操作。也可按以下方法获得接种液。

(1)未受工业废水污染的生活污水:化学需氧量不大于 300mg/L,总有机碳不大于 100mg/L。

(2)含有城镇污水的河水或湖水。

(3)污水处理厂的出水。

(4)分析含有难降解物质的工业废水时,在其排污口下游适当处取水样作为废水的驯化接种液。也可取中和或经适当稀释后的废水进行连续曝气,每天加入少量该种废水,同时加入少量生活污水,使适应该种废水的微生物大量繁殖。

当水中出现大量的絮状物时,表明微生物已繁殖,可用作接种液。一般驯化过程需3~8d。

3.3　盐溶液

(1)磷酸盐缓冲溶液:将 8.5g 磷酸二氢钾（KH_2PO_4）、21.8g 磷酸氢二钾（K_2HPO_4）、33.4g 七水合磷酸氢二钠（$Na_2HPO_4 \cdot 7H_2O$）和 1.7g 氯化铵（NH_4Cl）溶于水中,稀释至 1000mL,此溶液在 0~4℃可稳定保存 6 个月。此溶液的 pH 值为 7.2。

(2)硫酸镁溶液,$\rho(MgSO_4)=11.0g/L$:将 22.5g 七水合硫酸镁（$MgSO_4 \cdot 7H_2O$）溶于水中,稀释至 1000mL,此溶液在 0~4℃可稳定保存 6 个月,若发现任何沉淀或微生物生长应弃去。

(3)氯化钙溶液,$\rho(CaCl_2)=27.6g/L$:将 27.6g 无水氯化钙（$CaCl_2$）溶于水中,稀释至 1000mL,此溶液在 0~4℃可稳定保存 6 个月,若发现任何沉淀或微生物生长应弃去。

(4)氯化铁溶液,$\rho(FeCl_3)=0.15g/L$:将 0.25g 六水合氯化铁（$FeCl_3 \cdot 6H_2O$）溶于水中,稀释至 1000mL,此溶液在 0~4℃可稳定保存 6 个月,若发现任何沉淀或微生物生长应弃去。

3.4　稀释水

在 5~20L 的玻璃瓶中加入一定量的水,控制水温在（20±1）℃,用曝气装置至少曝气 1h,使稀释水中的溶解氧达到 8mg/L 以上。使用前每升水中加入上述四种盐溶液各 1.0mL,混匀,20℃保存。在曝气的过程中防止污染,特别是防止带入有机物、金属、氧化物或还原物。

稀释水中氧的质量浓度不能过饱和,使用前需开口放置 1h,且应在 24h 内使用。剩余的稀释水应弃去。

3.5　接种稀释水

根据接种液的来源不同,每升稀释水中加入适量接种液:城市生活污水和污水处理厂出水加 1~10mL,河水或湖水加 10~100mL,将接种稀释水存放在（20±1）℃的环境中,当天配制当天使用。接种的稀释水 pH 值为 7.2,BOD_5 应小于 1.5mg/L。

3.6　盐酸溶液

$c(HCl)=0.5mol/L$:将 40mL 浓盐酸（HCl）溶于水中,稀释至 1000mL。

3.7　氢氧化钠溶液

$c(NaOH)=0.5mol/L$:将 20g 氢氧化钠溶于水中,稀释至 1000mL。

3.8　亚硫酸钠溶液

$c(\mathrm{Na_2SO_3})＝0.025\mathrm{mol/L}$：将 1.575g 亚硫酸钠（$\mathrm{Na_2SO_3}$）溶于水中，稀释至1000mL。此溶液不稳定，需现用现配。

3.9　葡萄糖-谷氨酸标准溶液

将葡萄糖（$\mathrm{C_6H_{12}O_6}$，优级纯）和谷氨酸（HOOC-CH₂-CH₂-CHNH₂-COOH，优级纯）在 130℃ 干燥 1h，各称取 150mg 溶于水中，在 1000mL 容量瓶中稀释至标线。此溶液的$\mathrm{BOD_5}$ 为（210±20）mg/L，现用现配。该溶液也可少量冷冻保存，融化后立刻使用。

3.10　丙烯基硫脲硝化抑制剂

$\rho(\mathrm{C_4H_8N_2S})＝1.0\mathrm{g/L}$：溶解 0.20g 丙烯基硫脲（$\mathrm{C_4H_8N_2S}$）于 200mL 水中混合，4℃保存，此溶液可稳定保存 14d。

3.11　乙酸溶液

乙酸溶液：1+1。

3.12　碘化钾溶液

$\rho(\mathrm{KI})＝100\mathrm{g/L}$：将 10g 碘化钾（KI）溶于水中，稀释至 100mL。

3.13　淀粉溶液

$\rho＝5\mathrm{g/L}$：将 0.50g 淀粉溶于水中，稀释至 100mL。

4　仪器和设备

本法分析时均使用符合国家 A 级标准的玻璃量器。本标准使用的玻璃仪器须清洁、无毒性和可生化降解的物质。

(1)滤膜：孔径为 1.6μm。
(2)溶解氧瓶：带水封装置，容积 250～300mL。
(3)稀释容器：1000～2000mL 的量筒或容量瓶。
(4)虹吸管：供分取水样或添加稀释水。
(5)溶解氧测定仪。
(6)冷藏箱：0～4℃。
(7)冰箱：有冷冻和冷藏功能。
(8)带风扇的恒温培养箱：(20±1)℃。
(9)曝气装置。

多通道空气泵或其他曝气装置；曝气可能带来有机物、氧化剂和金属，导致空气污染，如有污染，空气应过滤清洗。

5　样品

5.1　采集与保存

采集的样品应充满并密封于棕色玻璃瓶中，样品量不小于 1000mL，在 0～4℃ 的暗处运输和保存，并于 24h 内尽快分析。24h 内不能分析，可冷冻保存（冷冻保存时避免样品瓶破裂），冷冻样品分析前需解冻、均质化和接种。

5.2　样品的前处理

（1）pH 值调节：若样品或稀释后样品 pH 值不在 6～8 范围内，应用盐酸溶液（3.6）或氢氧化钠溶液（3.7）调节其 pH 值至 6～8。

（2）余氯和结合氯的去除：若样品中含有少量余氯，一般在采样后放置 1～2h，游离氯即可消失。对在短时间内不能消失的余氯，可加入适量亚硫酸钠溶液去除样品中存在的余氯和结合氯，加入的亚硫酸钠溶液的量由下述方法确定。

取已中和好的水样 100mL，加入乙酸溶液（3.11）10mL、碘化钾溶液（3.12）1mL，混匀，暗处静置 5min。用亚硫酸钠溶液滴定析出的碘至淡黄色，加入 1mL 淀粉溶液（3.13）呈蓝色。再继续滴定至蓝色刚刚褪去，即为终点，记录所用亚硫酸钠溶液体积，由亚硫酸钠溶液消耗的体积，计算出水样中应加亚硫酸钠溶液的体积。

（3）样品均质化：含有大量颗粒物、需要较大稀释倍数的样品或经冷冻保存的样品，测定前均需将样品搅拌均匀。

（4）样品中有藻类：若样品中有大量藻类存在，BOD_5 的测定结果会偏高。当分析结果精度要求较高时，测定前应用滤孔为 1.6μm 的滤膜过滤，检测报告中注明滤膜滤孔的大小。

（5）含盐量低的样品：若样品含盐量低，非稀释样品的电导率小于 125μS/cm 时，需加入适量相同体积的四种盐溶液（3.3），使样品的电导率大于 125μS/cm。每升样品中至少需加入各种盐的体积 V 按式（1）计算：

$$V = (\Delta K - 12.8)/113.6 \tag{1}$$

式中：V——需加入各种盐的体积（mL）；

ΔK——样品需要提高的电导率值（μS/cm）。

6　分析步骤

6.1　非稀释法

非稀释法分为两种情况：非稀释法和非稀释接种法。

如样品中的有机物含量较少,BOD_5 的质量浓度不大于 6mg/L,且样品中有足够的微生物,用非稀释法测定。若样品中的有机物含量较少,BOD_5 的质量浓度不大于 6mg/L,但样品中无足够的微生物,如酸性废水、碱性废水、高温废水、冷冻保存的废水或经过氯化处理等的废水,采用非稀释接种法测定。

6.1.1 试样的准备

(1)待测试样

测定前待测试样的温度达到(20±2)℃,若样品中溶解氧浓度低,需要用曝气装置曝气 15min,充分振摇赶走样品中残留的空气泡;若样品中氧过饱和,将容器 2/3 体积充满样品,用力振荡赶出过饱和氧,然后根据试样中微生物含量情况确定测定方法。非稀释法可直接取样测定;非稀释接种法,每升试样中加入适量的接种液(3.2),待测定。若试样中含有硝化细菌,有可能发生硝化反应,需在每升试样中加入 2mL 丙烯基硫脲硝化抑制剂(3.10)。

(2)空白试样

非稀释接种法,每升稀释水中加入与试样中相同量的接种液(3.2)作为空白试样,需要时每升试样中加入 2mL 丙烯基硫脲硝化抑制剂(3.10)。

6.1.2 试样的测定

(1)碘量法测定试样中的溶解氧

将试样充满两个溶解氧瓶中,使试样少量溢出,防止试样中的溶解氧质量浓度改变,使瓶中存在的气泡靠瓶壁排出。将一瓶盖上瓶盖,加上水封,在瓶盖外罩上一个密封罩,防止培养期间水封水蒸发干,在恒温培养箱中培养 5d±4h 或(2+5)d±4h 后测定试样中溶解氧的质量浓度。另一瓶 15min 后测定试样在培养前溶解氧的质量浓度。溶解氧的测定按 GB/T 7489 进行操作。

(2)电化学探头法测定试样中的溶解氧

将试样充满一个溶解氧瓶中,使试样少量溢出,防止试样中的溶解氧质量浓度改变,使瓶中存在的气泡靠瓶壁排出。测定培养前试样中的溶解氧的质量浓度。盖上瓶盖,防止样品中残留气泡,加上水封,在瓶盖外罩上一个密封罩,防止培养期间水封水蒸发干。将试样瓶放入恒温培养箱中培养 5d±4h 或(2+5)d±4h。测定培养后试样中溶解氧的质量浓度。溶解氧的测定按 GB/T 11913 进行操作。

6.2 稀释与接种法

稀释与接种法分为两种情况:稀释法和稀释接种法。

若试样中的有机物含量较多,BOD_5 的质量浓度大于 6mg/L,且样品中有足够的微生物,采用稀释法测定;若试样中的有机物含量较多,BOD_5 的质量浓度大于 6mg/L,但试样中无足够的微生物,采用稀释接种法测定。

6.2.1 试样的准备

(1)待测试样

待测试样的温度达到(20 ± 2)℃,若试样中溶解氧浓度低,需要用曝气装置曝气15min,充分振摇赶走样品中残留的气泡;若样品中氧过饱和,将容器的2/3体积充满样品,用力振荡赶出过饱和氧,然后根据试样中微生物含量情况确定测定方法。稀释法测定,稀释倍数按表1和表2方法确定,然后用稀释水(3.4)稀释。稀释接种法测定,用接种稀释水(3.5)稀释样品。若样品中含有硝化细菌,有可能发生硝化反应,需在每升试样培养液中加入2mL丙烯基硫脲硝化抑制剂(3.10)。

稀释倍数的确定:样品稀释的程度应使消耗的溶解氧质量浓度不小于2mg/L,培养后样品中剩余溶解氧质量浓度不小于2mg/L,且试样中剩余的溶解氧的质量浓度为开始浓度的1/3~2/3为最佳。

稀释倍数可根据样品的总有机碳(TOC)、高锰酸盐指数(IMn)或化学需氧量(COD$_{Cr}$)的测定值,按照表4-2列出的BOD$_5$与总有机碳(TOC)、高锰酸盐指数(IMn)或化学需氧量(COD$_{Cr}$)的比值R估计BOD$_5$的期望值(R与样品的类型有关),再根据表4-2确定稀释因子。当不能准确地选择稀释倍数时,一个样品做2~3个不同的稀释倍数。

表 4-2 典型的比值 *R*

水样的类型	总有机碳 *R* (BOD$_5$/TOC)	高锰酸盐指数 *R* (BOD$_5$/IMn)	化学需氧量 *R* (BOD$_5$/COD$_{Cr}$)
未处理的废水	1.2~2.8	1.2~1.5	0.35~0.65
生化处理的废水	0.3~1.0	0.5~1.2	0.20~0.35

由表4-2中选择适当的 R 值,按式(2)计算 BOD$_5$ 的期望值:

$$\rho = R \cdot Y \tag{2}$$

式中:ρ——五日生化需氧量浓度的期望值(mg/L);

Y——总有机碳(TOC)、高锰酸盐指数(IMn)或化学需氧量(COD$_{Cr}$)的值(mg/L)。

由估算出的 BOD$_5$ 的期望值,按表4-3确定样品的稀释倍数。

表 4-3 BOD$_5$ 测定的稀释倍数

BOD$_5$ 的期望值/(mg/L)	稀释倍数	水样类型
6~12	2	河水,生物净化的城市污水
10~30	5	河水,生物净化的城市污水
20~60	10	生物净化的城市污水
40~120	20	澄清的城市污水或轻度污染的工业废水
100~300	50	轻度污染的工业废水或原城市污水
200~600	100	轻度污染的工业废水或原城市污水
400~1200	200	重度污染的工业废水或原城市污水
1000~3000	500	重度污染的工业废水
2000~6000	1000	重度污染的工业废水

按照确定的稀释倍数,将一定体积的试样或处理后的试样用虹吸管加入已加部分稀释水或接种稀释水的稀释容器中,加稀释水或接种稀释水至刻度,轻轻混合避免残留气泡,待测定。若稀释倍数超过 100 倍,可进行两步或多步稀释。

若试样中有微生物毒性物质,应配制几个不同稀释倍数的试样,选择与稀释倍数无关的结果,并取其平均值。试样测定结果与稀释倍数的关系确定如下:当分析结果精度要求较高或存在微生物毒性物质时,一个试样要做两个以上不同的稀释倍数,每个试样每个稀释倍数做平行双样同时进行培养。测定培养过程中每瓶试样氧的消耗量,并画出氧消耗量对每一稀释倍数试样中原样品的体积曲线。

若此曲线呈线性,则此试样中不含有任何抑制微生物的物质,即样品的测定结果与稀释倍数无关;若曲线仅在低浓度范围内呈线性,取线性范围内稀释比的试样测定结果计算平均 BOD_5 值。

(2)空白试样

稀释法测定,空白试样为稀释水(3.4),需要时每升稀释水中加入 2mL 丙烯基硫脲硝化抑制剂(3.10)。

稀释接种法测定,空白试样为接种稀释水(3.5),必要时每升接种稀释水中加入 2mL 丙烯基硫脲硝化抑制剂(3.10)。

6.2.2　试样的测定

试样和空白试样的测定方法同 6.1.2(1)或 6.1.2(2)。

7　结果计算

7.1　非稀释法

非稀释法按如下公式计算样品 BOD_5 的测定结果:

$$\rho = \rho_1 - \rho_2 \tag{3}$$

式中:ρ——五日生化需氧量质量浓度(mg/L);

　ρ_1——水样在培养前的溶解氧质量浓度(mg/L);

　ρ_2——水样在培养后的溶解氧质量浓度(mg/L)。

7.2　非稀释接种法

非稀释接种法按如下公式计算样品 BOD_5 的测定结果:

$$\rho = (\rho_1 - \rho_2) - (\rho_3 - \rho_4) \tag{4}$$

式中:ρ——五日生化需氧量质量浓度(mg/L);

　ρ_1——接种水样在培养前的溶解氧质量浓度(mg/L);

　ρ_2——接种水样在培养后的溶解氧质量浓度(mg/L);

　　　　ρ_3——空白样在培养前的溶解氧质量浓度(mg/L);

　　　　ρ_4——空白样在培养后的溶解氧质量浓度(mg/L)。

7.3　稀释与接种法

　　稀释法与稀释接种法按如下公式计算样品 BOD_5 的测定结果:

$$\rho=[(\rho_1-\rho_2)-(\rho_3-\rho_4)f_1]/f_2 \tag{5}$$

式中:ρ——五日生化需氧量质量浓度(mg/L);

　　　　ρ_1——接种稀释水样在培养前的溶解氧质量浓度(mg/L);

　　　　ρ_2——接种稀释水样在培养后的溶解氧质量浓度(mg/L);

　　　　ρ_3——空白样在培养前的溶解氧质量浓度(mg/L);

　　　　ρ_4——空白样在培养后的溶解氧质量浓度(mg/L);

　　　　f_1——接种稀释水或稀释水在培养液中所占的比例;

　　　　f_2——原样品在培养液中所占的比例。

　　BOD_5 测定结果以氧的质量浓度(mg/L)报出。对稀释与接种法,如果有几个稀释倍数的结果满足要求,结果取这些稀释倍数结果的平均值。结果小于 100mg/L,保留一位小数;100～1000mg/L,取整数位;大于1000mg/L以科学计数法报出。结果报告中应注明:样品是否经过过滤、冷冻或均质化处理。

8　质量保证和质量控制

8.1　空白试样

　　每一批样品做两个分析空白试样,稀释法空白试样的测定结果不能超过0.5mg/L,非稀释接种法和稀释接种法空白试样的测定结果不能超过 1.5mg/L,否则应检查可能的污染来源。

8.2　接种液、稀释水质量的检查

　　每一批样品要求做一个标准样品,样品的配制方法如下:取 20mL 葡萄糖-谷氨酸标准溶液(3.9)于稀释容器中,用接种稀释水(3.5)稀释至 1000mL,测定 BOD_5,结果应在 180～230mg/L 范围内,否则应检查接种液、稀释水的质量。

8.3　平行样品

　　每一批样品至少做一组平行样,计算相对百分偏差 RP。当 BOD_5 小于 3mg/L时,RP 值应≤±15%;当 BOD_5 为 3～100mg/L 时,RP 值应≤±20%;当 BOD_5 大于 100mg/L 时,RP 值应≤±25%。计算公式如下:

$$RP=(\rho_1-\rho_2)/(\rho_1+\rho_2)\times100\% \tag{6}$$

式中:RP——相对百分偏差(%);

ρ_1——第一个样品 BOD$_5$ 的质量浓度(mg/L);

ρ_2——第二个样品 BOD$_5$ 的质量浓度(mg/L)。

9　精密度和准确度

非稀释法实验室间的重现性标准偏差为 0.10~0.22mg/L,再现性标准偏差为 0.26~0.85mg/L。稀释法和稀释接种法的对比测定结果重现性标准偏差为 11mg/L,再现性标准偏差为 3.7~22mg/L。

警告:丙烯基硫脲属于有毒化合物,操作时应按规定要求佩戴防护器具,避免接触皮肤和衣服;标准溶液的配制应在通风橱内进行操作;检测后的残渣残液应做妥善的安全处理。

知识链接——生化需氧量(BOD)

1　概述

生化需氧量是指在有溶解氧的条件下,好氧微生物在分解水中有机物的生物化学氧化过程中所消耗的溶解氧量。同时亦包括如硫化物、亚铁等还原性无机物质氧化所消耗的氧量,但这部分通常占很小比例。

有机物在微生物作用下好氧分解大体上分两个阶段。第一阶段称为含碳物质氧化阶段,主要是含碳有机物氧化为二氧化碳和水;第二阶段称为硝化阶段,主要是含氮有机化合物在硝化菌的作用下分解为亚硝酸盐和硝酸盐。

然而这两个阶段并非截然分开,而是各有主次。对生活污水及性质与其接近的工业废水,硝化阶段大约在 5~7 日,甚至 10 日以后才显著进行,故目前国内外广泛采用的 20℃五天培养法(BOD$_5$ 法)测定 BOD 值一般不包括硝化阶段。

BOD 是反映水体被有机物污染程度的综合指标,也是研究废水的可生化降解性和生化处理效果,以及生化处理废水工艺设计和动力学研究中的重要参数。

2　生化需氧量(BOD)测定

2.1　微生物传感器快速测定法(HJ/T86—2002)

本法适于测定水和污水中生化需氧量(BOD)。本法规定的生物化学需氧量是指谁和污水中溶解性可生化的有机物在微生物作用下所消耗氧的量。

本法可用于地表水、生活污水和不含对微生物有明显毒害作用的工业废水中的 BOD 的测定。

原理：测定水中 BOD 的微生物传感器是由氧电极和微生物菌膜构成，当含有饱和溶解氧的样品进入流通池中与微生物传感器接触，样品中溶解性可生化降解的有机物受到微生物菌膜中种的作用，而消耗一定量的氧，使扩散到氧电极表面上氧的质量减少。当样品中可生化降解的有机物向菌膜扩散速度（质量）达到恒定时，此时扩散到氧电极表面上氧的质量也达到恒定，因此产生一个恒定电流。由于恒定电流的差值与氧的减少量存在定量关系，据此可换算出样品中的生化需氧量。

2.2　检压库仑式 BOD 测定仪

原理：装在培养瓶中的水样用电磁搅拌器进行搅拌。当水样中的溶解氧因微生物降解有机物被消耗时，则培养瓶内空间中的氧溶解进入水样，生成的二氧化碳从水中逸出被置于瓶内的吸附剂吸收，使瓶内的氧分压和总气压下降。用电极式压力计检出下降量，并转换成电信号，经放大送入继电器电路接通恒流电源及同步电机，电解瓶内（装有中性硫酸铜溶液和电解电极）便自动电解产生氧气供给培养瓶，待瓶内气压回升至原压力时，继电器断开，电解电极和同步电机停止工作。此过程反复进行使培养瓶内空间始终保持恒压状态。根据法拉第定律，由恒电流电解所消耗的电量便可计算耗氧量。仪器能自动显示测定结果，记录生化需氧量曲线。

在密闭培养瓶中，水样中溶解氧由于微生物降解有机物而被消耗，产生与耗氧量相当的 CO_2 被吸收后，使密闭系统的压力降低，用压力计测出此压降，即可求出水样的 BOD 值。在实际测定中，先以标准葡萄糖-谷氨酸溶液的 BOD 值和相应的压差作关系曲线，然后以此曲线校准仪器刻度，便可直接读出水样的 BOD 值。

2.3　微生物电极法

微生物电极是一种将微生物技术与电化学检测技术相结合的传感器，主要由溶解氧电极和紧贴其透气膜表面的固定化微生物膜组成。响应 BOD 物质的原理是当将其插入恒温、溶解氧浓度一定的不含 BOD 物质的底液时，由于微生物的呼吸活性一定，底液中的溶解氧分子通过微生物膜扩散进入氧电极的速率一定，微生物电极输出一稳态电流；如果将 BOD 物质加入底液中，则该物质的分子与氧分子一起扩散进入微生物膜，因为膜中的微生物对 BOD 物质发生同化作用而耗氧，导致进入氧电极的氧分子减少，即扩散进入的速率降低，使电极输出电流减少，并在几分钟内降至新的稳态值。在适宜的 BOD 物质浓度范围内，电极输出电流降低值与 BOD 物质浓度之间呈线性关系，而 BOD 物质浓度又和 BOD 值之间有定量关系。

微生物膜电极 BOD 测定仪,由测量池(装有微生物膜电极、鼓气管及被测水样)、恒温水浴、恒电压源、控温器、鼓气泵及信号转换和测量系统组成。恒电压源输出 0.72V 电压,加于 Ag-AgCl 电极(正极)和黄金电极(负极)上。仪器经用标准 BOD 物质溶液校准后,可直接显示被测溶液的 BOD 值,并在 20min 内完成一个水样的测定。该仪器适用于多种易降解废水的 BOD 监测。

除上述测定方法外,还有活性污泥法、相关估算法等。

作　业——BOD

一、填空题

1. 生化需氧量是指在规定条件下,水中有机物和无机物在_____作用下,所消耗的溶解氧的量。

2. 用释释与接种法测定水中生化需氧量时,为保证微生物生长需要,稀释水中应加入一定量的_____和_____,并使其中的溶解氧近饱和。

3. 稀释与接种法测定水中 BOD_5 时,如水样为含难降解物质的工业废水,可使用_____的稀释水进行稀释。

二、判断题

1. 采用稀释与接种法测定 BOD_5 时,水中的杀菌剂、有毒重金属或游离氯等会抑制生化作用,而藻类和硝化微生物也可能造成虚假的偏离结果。　　　(　　)

2. 采用稀释与接种法测定 BOD_5 时,水样在 $25\pm1℃$ 的培养箱中培养 5 天,分别测定样品培养前后的溶解氧,两者之差即为 BOD_5 值。　　　(　　)

3. 采用稀释与接种法测定的 BOD_5 值,只代表含碳物质耗氧量,如遇含有大量硝化细菌的水样应加入 ATU 或 TCMP 试剂,抑制硝化过程。　　　(　　)

4. 稀释与接种法测定水中 BOD_5 时,冬天采集的较清洁地表水中溶解氧往往是过饱和的,此时无须其他处理就可立即测定。　　　(　　)

5. 采集 BOD_5 水样时,应充满并密封于采集瓶中。　　　(　　)

三、选择题

1. 采用稀释与接种法测定水中 BOD_5 时,稀释水的 BOD_5 值应_____,接种稀释水的 BOD_5 值应在_____。接种稀释水配制完成后应立即使用。

A. <0.2mg/L,0.2~1.0mg/L

B. <0.2mg/L,0.3~1.0mg/L

C. <1.0mg/L,0.3~1.0mg/L

2. 采用稀释与接种法测定水中生化需氧量,满足下列条件时数据方有效:5 天后剩余溶解氧至少为_____,而消耗的溶解氧至少为_____。

A. 1.0mg/L,2.0mg/L

B. 2.0mg/L,1.0mg/L

C. 5.0mg/L,2.0mg/L

3.采用稀释与接种法测定水中生物化需氧量时,对于游离氧在短时间不能消散的水样,可加入_____以除去。

    A.亚硫酸钠   B.硫代硫酸钠   C.丙烯基硫脲

4.稀释与接种法测定水中BOD_5时,采用生活污水配制接种稀释水时,每升稀释水中加入生活污水的量为_____mL。

    A.1~10   B.20~30   C.10~100

5.稀释与接种法测定水中BOD_5时,下列废水中应进行接种是_____。

    A.有机物含量较多的废水

    B.较清洁的河水

    C.不含或含少量微生物的工业废水

    D.生活污水

6.采用稀释与接种法测定水中BOD_5时,取3个稀释比,当稀释水中微生物菌种不适应,活性差或含毒物浓度过大时,稀释倍数_____消耗溶解氧反而较多。

    A.较大的   B.中间的   C.较小的

四、问答题

1.稀释与接种法测定水中BOD_5时,某水样呈酸性,其中含活性氯,COD值在正常污水范围内,应如何处理?

2.稀释与接种法测定水中BOD_5中,样品放在培养箱中培养时,一般应注意哪些问题?

3.稀释与接种法对某一水样进行BOD_5测定时,水样经5天培养后,测其溶解氧,当向水样中加入1mL硫酸锰和2mL碱性碘化钾溶液时,出现白色絮状沉淀。这说什么?

4.某分析人员用稀释与接种法测定某水样的BOD_5,将水样稀释10倍后测得第一天溶解氧为7.98mg/L,第五天的溶解氧为0.65mg/L,问此水样中的BOD_5值是多少?为什么?应如何处理?

5.什么是生化需氧量?

6.测定水中生化需氧量的方法有哪些?

项目五　地表水水质毒理指标监测

任务1　地表水中挥发酚含量的测定

1　原理

用蒸馏法使挥发性酚类化合物蒸馏出，并与干扰物质和固定剂分离。由于酚类化合物的挥发速度是随馏出液体积而变化,因此,馏出液体积必须与试样体积相等。

被蒸馏出的酚类化合物,于 pH(10.0±0.2)介质中,在铁氰化钾存在下,与4-氨基安替比林反应生成橙红色的安替比林染料,用三氯甲烷萃取后,在 460nm 波长下测定吸光度。

地表水、地下水和饮用水宜用萃取分光光度法测定,检出限为 0.0003mg/L,测定下限为 0.001mg/L,测定上限为 0.04mg/L。

工业废水和生活污水宜用直接分光光度法测定,检出限为 0.01mg/L,测定下限为 0.04mg/L,测定上限为 2.50mg/L。对于质量浓度高于标准测定上限的样品,可适当稀释后进行测定。

2 仪器

(1)500mL 全玻璃蒸馏器;

(2)50mL 具塞比色管;

(3)分光光度计。

3 试剂

(1)无酚水:于 1 升中加入 0.2g 经 200℃ 活化 0.5h 的活性炭粉末,充分振摇后,放置过夜。用双层中速滤纸过滤,滤出液储于硬质玻璃瓶中备用。或加氢氧化钠使水呈强碱性,并滴加高锰酸钾溶液至紫红色,移入蒸馏瓶中加热蒸馏,收集馏出液备用。

(2)硫酸铜溶液:称取 50g 硫酸铜($CuSO_4 \cdot 5H_2O$)溶于水,稀释至 500mL。

(3)磷酸溶液:量取 10mL85% 的磷酸用水稀释至 100mL。

(4)甲基橙指示剂溶液:称取 0.05g 甲基橙溶于 100mL 水中。

(5)苯酚标准储备液:称取 1.00g 无色苯酚溶于水,移入 1000mL 容量瓶中,稀释至标线,置于冰箱内备用。该溶液按下述方法标定:

吸取 10.00mL 苯酚标准储备液于 250mL 碘量瓶中,加 100mL 水和 10.00mL 0.1000mol/L 溴酸钾-溴化钾溶液,立即加入 5mL 浓盐酸,盖好瓶塞,轻轻摇匀,于暗处放置 10min。加入 1g 碘化钾,密塞,轻轻摇匀,于暗处放置 5min 后,用 0.125mol/L 硫代硫酸钠标准溶液滴定至淡黄色,加 1mL 淀粉溶液,继续滴定至蓝色刚好褪去,记录用量。以水代替苯酚储备液做空白试验,记录硫代硫酸钠标准溶液用量。苯酚储备液浓度按下式计算:

$$苯酚(mg/L) = \frac{(V_1 - V_2) \cdot c \times 15.68}{V}$$

式中:V_1——空白试验消耗硫代硫酸钠标准溶液量(mL);

V_2——滴定苯酚标准储备液时消耗硫代硫酸钠标准溶液量(mL);

V——取苯酚标准储备液体积(mL);

c——硫代硫酸钠标准溶液浓度(mol/L);

15.68——苯酚摩尔($1/6C_6H_5OH$)质量(g/mol)。

(6)苯酚标准中间液:取适量苯酚贮备液,用水稀释至每毫升含 0.010mg 苯酚。使用时当天配制。

(7)溴酸钾-溴化钾标准参考溶液[$c(1/6KBrO_3)=0.1$mol/L]:称取 2.784g 溴酸钾($KBrO_3$)溶于水,加入 10g 溴化钾(KBr),使其溶解,移入 1000mL 容量瓶中,稀释至标线。

(8)碘酸钾标准溶液[$c(1/6KIO_3)=0.250$mol/L]:称取预先经 180℃烘干的碘酸钾 0.8917g 溶于水,移入 1000mL 容量瓶中,稀释至标线。

(9)硫代硫酸钠标准溶液:称取 6.2g 硫代硫酸钠($Na_2S_2O_3 \cdot 5H_2O$)溶于煮沸放冷的水中,加入 0.2g 碳酸钠,稀释至 1000mL,临用前,用下述方法标定:

吸取 20.00mL 碘酸钾溶液于 250mL 碘量瓶中,加水稀释至 100mL,加 1g 碘化钾,再加 5mL(1+5)硫酸,加塞,轻轻摇匀。置暗处放置 5min,用硫代硫酸钠溶液滴定至淡黄色,加 1mL 淀粉溶液,继续滴定至蓝色刚褪去为止,记录硫代硫酸钠溶液用量。按下式计算硫代硫酸钠溶液浓度(mol/L):

$$c_{Na_2S_2O_3 \cdot 5H_2O} = \frac{0.0250 \times V_4}{V_3}$$

式中:V_3——硫代硫酸钠标准溶液消耗量(mL);

V_4——移取碘酸钾标准溶液量(mL);

0.0250——碘酸钾标准溶液浓度(mol/L)。

(10)淀粉溶液:称取 1g 可溶性淀粉,用少量水调成糊状,加沸水至 100mL,冷后,置冰箱内保存。

(11)缓冲溶液(pH 约为 10):称取 2g 氯化铵(NH_4Cl)溶于 100mL 氨水中,加塞,置于冰箱中保存。

(12)2%(m/V)4-氨基安替比林溶液:称取 4-氨基安替比林($C_{11}H_{13}N_3O$)2g 溶于水,稀释至 100mL,置于冰箱内保存。可使用一周。

注:固体试剂易潮解、氧化,宜保存在干燥器中。

(13)8%(m/V)铁氰化钾溶液:称取 8g 铁氰化钾{$K_3[Fe(CN)_6]$}溶于水,稀释至 100mL,置于冰箱内保存。可使用一周。

4　测定步骤

4.1　水样预处理

(1)量取 250mL 水样置于蒸馏瓶中,加数粒小玻璃珠以防暴沸,再加 2 滴甲基橙指示液,用磷酸溶液调节至 pH4(溶液呈橙红色),加 5.0mL 硫酸铜溶液(如采样时已加过硫酸铜,则补加适量)。

如加入硫酸铜溶液后产生较多量的黑色硫化铜沉淀,则应摇匀后放置片刻,待沉淀后,再滴加硫酸铜溶液,至不再产生沉淀为止。

(2)连接冷凝器,加热蒸馏,至蒸馏出约 225mL 时,停止加热,放冷。向蒸馏瓶中加入 25mL 水,继续蒸馏至馏出液为 250mL 为止。

蒸馏过程中,如发现甲基橙的红色褪去,应在蒸馏结束后,再加 1 滴甲基橙指示液。如发现蒸馏后残液不呈酸性,则应重新取样,增加磷酸加入量,进行蒸馏。

4.2　标准曲线的绘制

于一组 8 支 50mL 比色管中,分别加入 0、0.50、1.00、3.00、5.00、7.00、10.00、12.50mL 苯酚标准中间液,加水至 50mL 标线。加 0.5mL 缓冲溶液,混匀,此时 pH 值为 10.0±0.2,加 4-氨基安替比林溶液 1.0mL,混匀。再加 1.0mL 铁氰化钾溶液,充分混匀,放置 10min 后立即于 510nm 波长处,用 20mm 比色皿,以水为参比,测量吸光度。经空白校正后,绘制吸光度对苯酚含量(mg)的标准曲线。

4.3　水样的测定

分取适量馏出液于 50mL 比色管中,稀释至 50mL 标线。用与绘制标准曲线相同步骤测定吸光度,计算减去空白试验后的吸光度。空白试验是以水代替水样,经蒸馏后,按与水样相同的步骤测定。水样中挥发酚类的含量按下式计算:

$$挥发酚(以酚计,mg/L) = \frac{m}{V} \times 1000$$

式中:m——水样吸光度经空白校正后从标准曲线上查得的苯酚含量(mg);

　　　V——移取馏出液体积(mL)。

5　注意事项

(1)如水样含挥发酚较高,移取适量水样并加至 250mL 进行蒸馏,则在计算时应乘以稀释倍数。如水样中挥发酚类浓度低于 0.5mg/L 时,采用 4-氨基安替比林萃取分光光度法。

(2)当水样中含游离氯等氧化剂,硫化物、油类、芳香胺类及甲醛、亚硫酸钠等还原剂时,应在蒸馏前先做适当的预处理。

6　结果处理

(1)绘制吸光度—苯酚含量(mg)标准曲线。

(2)计算所取水样中挥发酚类含量(以苯酚计,mg/L)。

(3)根据实验情况,分析影响测定结果准确度的因素。

警告:乙醚为低沸点、易燃和具麻醉作用的有机溶剂,使用时周围应无明火,并在通风橱内操作,室温较高时,样品和乙醚宜先置冰水浴中降温后,再尽快进行萃取操作;三氯甲烷为具麻醉作用和刺激性的有机溶剂,吸入蒸气有害,操作时应佩戴防毒面具并在通风处使用。

知识链接——酚类化合物

1 概述

酚类化合物:是指芳香烃苯环上的氢原子被羟基取代所生成的化合物,是芳烃的含羟基衍生物。根据苯环上的羟基数目多少,可分为一元酚、二元酚、三元酚等。含两个以上羟基的酚类成为多元酚。

根据酚类化合物的挥发性,可分挥发性酚和不挥发性酚。酚类中能与水蒸气一起挥发(沸点在230℃以下)的称挥发酚。

酚类化合物都具有特殊的芳香气味,均呈弱酸性,在环境中易被氧化。

2 酚类化合物来源

自然界中存在的酚类化合物有2000多种,该类化合物均有特殊臭味,易被氧化,易溶于水(6.6mg/100mL)、乙醇、氯仿、乙醚、甘油和石油等。

内源性酚:自然界中存在的酚类化合物大部分是植物生命活动的结果,植物体内所含的酚称内源性酚。研究表明,有些具有抗氧化活性的生物活性化合物对人体的健康状况起到有益的作用。在这些生物活性化合物中,已被鉴定出的有酚类衍生物。许多饮料中都含有这些化合物,如葡萄酒、茶、咖啡等等。

外源性酚:环境中的酚污染主要指酚类化合物对水体的污染,含酚废水是当今世界上危害大、污染范围广的工业废水之一,是环境中水污染的重要来源。在许多工业领域诸如煤气、焦化、炼油、冶金、机械制造、玻璃、石油化工、木材纤维、化学有机合成工业、塑料、医药、农药、油漆等工业排出的废水中均含有酚。这些废水若不经过处理,直接排放、灌溉农田则可污染大气、水、土壤和食品。

3 酚化合物危害

酚类化合物的毒性以苯酚为最大,通常含酚废水中又以苯酚和甲酚的含量最高。目前环境监测常以苯酚和甲酚等挥发性酚作为污染指标。

　　酚是一种中等强度的化学毒物,与细胞原浆中的蛋白质发生化学反应。低浓度时使细胞变性,高浓度时使蛋白质凝固。酚类化合物可经皮肤粘膜、呼吸道及消化道进入体内。低浓度可引起蓄积性慢性中毒,高浓度可引起急性中毒以致昏迷死亡。一般来讲,酚进入人体后机体通过自身的解毒功能使之转化为无毒物质而排出体外。

　　当水中酚含量在 0.1～0.2mg/L 时,可使得鱼肉有异味;水中酚浓度到达 5g/L 时,水生生物中毒;达到 9～15mg/L 时鱼类不能生存。人类急性酚中毒的主要表现为大量出汗、肺水肿、吞咽困难、肝及造血器官损害、黑尿、受损组织坏死、虚脱甚至死亡。一般酚中毒的表现为胃肠炎、呼吸道病变,引起血压降低体温下降,呼吸中枢麻痹。

　　含酚浓度高的废水不宜用于农田灌溉,否则,会使农作物枯死或减产。生活饮用水和Ⅰ、Ⅱ类地表水水质限值均为 0.002mg/L,污染中最高容许排放浓度为 0.5mg/L(一、二级标准)。

4　挥发酚测定方法

　　挥发酚类的测定方法有容量法、分光光度法、气相色谱法等。尤以 4-氨基安替比林分光光度法应用最广,对高浓度含酚废水可采用溴化容量法。无论哪种方法,当水样中存在氧化剂、还原剂、油类及某些金属离子时,均应设法消除并进行预蒸馏。预蒸馏作用有二:一是分离出挥发酚;二是消除颜色、浑浊和金属离子等的干扰。含量较高时($>$0.5mg/L),采用直接法;含量较低时($<$0.5mg/L),采用氯仿萃取法。

4.1　溴化容量法(HJ502－2009,代替 GB 7491—87)

　　本法适用于含高浓度挥发酚工业废水中挥发酚的测定,检出限为 0.1mg/L,测定下限为 0.4mg/L,测定上限为 45.0mg/L。对于质量浓度高于标准测定上限的样品,可适当稀释后进行测定。

　　方法原理:用蒸馏法使挥发性酚类化合物蒸馏出,并与干扰物质和固定剂分离。由于酚类化合物的挥发速度是随馏出液体积而变化,因此,馏出液体积必须与试样体积相等。

　　在含过量溴(由溴酸钾和溴化钾所产生)的溶液中,被蒸馏出的酚类化合物与溴生成三溴酚,并进一步生成溴代三溴酚。在剩余的溴与碘化钾作用、释放出游离碘的同时,溴代三溴酚与碘化钾反应生成三溴酚和游离碘,用硫代硫酸钠溶液滴定释出的游离碘,并根据其消耗量,计算出挥发酚的含量。

　　干扰及消除:氧化剂、油类、硫化物、有机或无机还原性物质和苯胺类干扰酚的测定。

氧化剂(如游离氯)的消除:样品滴于淀粉-碘化钾试纸上出现蓝色,说明存在氧化剂,可加入过量的硫酸亚铁去除。

硫化物的消除:当样品中有黑色沉淀时,可取一滴样品放在乙酸铅试纸上,若试纸变黑色,说明有硫化物存在。此时样品继续加磷酸酸化,置通风柜内进行搅拌曝气,直至生成的硫化氢完全逸出。

甲醛、亚硫酸盐等有机或无机还原性物质的消除:可分取适量样品于分液漏斗中,加硫酸溶液使呈酸性,分次加入 50、30、30mL 乙醚以萃取酚,合并乙醚层于另一分液漏斗,分次加入 4、3、3mL 氢氧化钠溶液进行反萃取,使酚类转入氢氧化钠溶液中。合并碱萃取液,移入烧杯中,置水浴上加温,以除去残余乙醚,然后用水将碱萃取液稀释到原分取样品的体积。

同时应以水做空白试验。

油类的消除:样品静置分离出浮油后,按照甲醛、亚硫酸盐等有机或无机还原性物质的消除操作步骤进行。

苯胺类的消除:苯胺类可与 4-氨基安替比林发生显色反应而干扰酚的测定,一般在酸性(pH<0.5)条件下,可以通过预蒸馏分离。

4.2　液液萃取/气相色谱法(HJ676－2013)

本法适用于地表水、地下水、生活污水和工业废水中苯酚、3-甲酚、2,4-二甲酚、2-氯酚、4-氯酚、4-氯-3 甲酚、2,4-二氯酚、2,4,6-三氯酚、五氯酚、2-硝基酚、4-硝基酚、2,4-二硝基酚、2-甲基-4,6-二硝基酚等 13 种酚类化合物的测定。

当取样体积为 500mL 时,13 种酚类化合物的检出限和测定下限见表 5-1。

表 5-1　方法检出限和测定下限

化合物名称	检出限	测定下限	化合物名称	检出限	测定下限
苯酚	0.5	2.0	2,4,6-三氯酚	1.2	4.8
3-甲酚	0.5	2.0	五氯酚	1.1	4.4
2,4-二甲酚	0.7	2.8	2-硝基酚	1.1	4.4
2-氯酚	1.1	4.4	4-硝基酚	1.2	4.8
4-氯酚	1.4	5.6	2,4-二硝基酚	3.4	13.6
4-氯-3 甲酚	0.7	2.8	2-甲基-4,6-二硝基酚	3.1	12.4
2,4-二氯酚	1.1	4.4	—		

方法原理:在酸性条件下(pH<2),用二氯甲烷/乙酸乙酯混合溶剂萃取水样中的酚类化合物,浓缩后的萃取液采用气相色谱毛细管色谱柱分离,氢火焰检测器检测,以色谱保留时间定性,外标法定量。

干扰消除:水样中可能有其他有机物干扰测定,可通过碱性水溶液反萃取净化,也可通过改变色谱条件,双柱定性或质谱进一步确认。

测定高浓度样品后,可能会出现记忆效应,可通过分析空白样品,直至空白样品中目标化合物的浓度低于测定下限时,方可分析下一个样品。

作 业——酚

一、填空题

1.酚类化合物由苯酚及其一系列酚的衍生物构成。因其沸点不同,根据酚类能否与水蒸气一起蒸出,分为挥发性酚和不挥发性酚,挥发性酚多指沸点在_____度下的酚类,通常属一元酚。

2.《污水综合排放标准》(GB 8978—1996)中的挥发酚是指能与蒸气一并蒸出的酚类化合物。现行生活饮用水的挥发酚标准限为_____ mg/L。在排污单位排出口取样,挥发酚的最高允许排放浓度为_____ mg/L。

3.酚类化合物在水中很不稳定。尤其是低浓度水样,其主要影响因素为_____和_____,使其被氧化或分解。

4.含酚水样若不能及时分析可采取的保存方法为:加入磷酸使水样 pH 值在_____之间,并加入适量_____,保存在 5~10℃,贮存于玻璃瓶中。

5.《水质挥发酚的测定蒸馏后 4-氨基安替比林分光光度法》(GB/T 7490—1987)适用于饮用水、地表水、地下水和工业废水中挥发酚的测定,当挥发酚浓度≤0.05mg/L 时,采用_____法测定,浓度>0.5mg/L 时,采用_____方法测定。

6.《水质挥发酚的测定蒸馏后 4-氨基安替比林分光光度法》(GB/T 7490—1987)的最低检出浓度为_____ mg/L,测定上限是_____ mg/L。

二、判断题

1.4-氨基安替比林分光光度法测定水中挥发酚时,如果试样中共存有芳香胺类物质,可在 pH<0.5 的介质中蒸馏,以减小其干扰。 ( )

2.4-氨基安替比林分光光度法测定水中挥发酚时,如果水样中不存在干扰物,预蒸馏操作可以省略。 ( )

3.4-氨基安替比林分光光度法测定水中挥发酚时,若缓冲液的 pH 值不在 10.0±0.2 范围内,可用 HCl 或 NaOH 调节。 ( )

4.测定挥发酚的水样可用塑料瓶保存或玻璃瓶保存。 ( )

三、选择题

1.( )厂排放的废水中需监测挥发酚。

A.炼油   B.肉联   C.汽车制造   D.电镀

2.当水样中含油时,测定挥发酚前可用四氯化碳萃取以除去干扰,加入四氯化碳前应先( )。

A.进行预蒸馏

B.加入 HCl 调节 pH 在 2.0~2.5

C.加入粒状 NaOH,调节 pH 在 12.0~12.5

D.加入 0.1mol/L NaOH 溶液,调节 pH 在 12.0~12.5

3.挥发酚一般指沸点在230℃以下的(　　)酚类,通常属酚,它能与水蒸气一起蒸出。

　　A.一元　　　　　　B.二元　　　　　　C.多元

四、问答题

1.无酚水如何制备？写出两种制备方法。

2.水中挥发酚测定时,一定要进行预蒸馏,为什么？

3.如何检验含酚废水是否存在氧化剂？如有,应怎样消除？

五、计算题

称取6.129g预先在105～110℃干燥的$K_2Cr_2O_7$,配制成250mL标准溶液,取部分溶液稀释20倍配成$K_2Cr_2O_7$的标准使用液,取$K_2Cr_2O_7$标准使用液20.00mL,用$Na_2S_2O_3$溶液滴定,耗去19.80mL $Na_2S_2O_3$标准浓度。用此$Na_2S_2O_3$溶液滴定10.00mL酚标准贮备液消耗0.78mL,同时滴定空白消耗$Na_2S_2O_3$溶液24.78mL。问酚标准备液浓度是多少？[$K_2Cr_2O_7$的摩尔质量($1/6K_2Cr_2O_7$)为49.03g/mol,苯酚的摩尔质量($1/6C_6H_6O$)为15.68g/mol]

任务2　地表水中六价铬含量的测定

知识目标

★了解铬污染物的主要来源及危害;

★理解地表水中铬的测定原理。

技能目标

◆会挥发酚测定所需水样的采集与保存;

◆会六价铬测定标准曲线的制作;

◆会地表水中二苯碳酰二肼分光光度法测定六价铬的含量。

职业标准

▼中华人民共和国国家标准,水质六价铬含量的测定二苯碳酰二肼比色法(Water Quality—Determination of Chromium(Ⅵ)－1,5 Diphenylcarbohydzide Spectrophotometric Method),GB 7467—87。

▼中华人民共和国环境保护行业标准,地表水和污水监测技术规范(Technical Specifications Requirements for Monitoring of Surface Water and Waste Water),HJ/T 91—2002。

实训任务

杭州市经济技术开发区"消防主题公园"清源桥断面采样点六价铬含量的测定。

实训操作

1　原理

在酸性溶液中,六价铬离子与二苯碳酰二肼(DPC)反应,生成紫红色化合物,其最大吸收波长为540nm,吸光度与浓度符合比尔定律。本方法最低检出浓度为0.004mg/L,使用10mm比色皿,测定上限为1mg/L。

2　仪器

(1)分光光度计,比色皿(1cm、3cm)。

(2)50mL具塞比色管,移液管,容量瓶等。

3　试剂

(1)丙酮。

(2)(1∶1)硫酸。

(3)(1+1)磷酸。

(4)0.2%(m/V)氢氧化钠溶液。

(5)氢氧化锌共沉淀剂:称取硫酸锌($ZnSO_4 \cdot 7H_2O$)8g,溶于100mL水中;称取氢氧化钠2.4g,溶于120mL水中。将以上两液混合。

(6)4%(m/V)高锰酸钾溶液。

(7)铬标准贮备液:称取于120℃干燥2h的重铬酸钾(优级纯)0.2829克,用水溶解,移入1000mL容量瓶中,用水稀释至标线,摇匀。每毫升贮备液含0.100mg六价铬。

(8)铬标准使用液:吸取5.00mL铬标准贮备液于500mL容量瓶中,用水稀释至标线,摇匀。每毫升标准使用液含1.00μg六价铬。使用当天配制。

(9)20%(m/V)尿素溶液。

(10)2%(m/V)亚硝酸钠溶液。

(11)二苯碳酰二肼溶液:称取二苯碳酰二肼(简称DPC,$C_{13}H_{14}N_4O$)0.2g,溶于50mL丙酮中,加水稀释至100mL,摇匀,贮于棕色瓶内,置于冰箱中保存。颜色变深后不能再用。

4　测定步骤

4.1 水样预处理

（1）对不含悬浮物、低色度的清洁地面水，可直接进行测定。

（2）如果水样有色但不深，可进行色度校正。即另取一份试样，加入除显色剂以外的各种试剂，以 2mL 丙酮代替显色剂，用此溶液为测定试样溶液吸光度的参比溶液。

（3）对浑浊、色度较深的水样，应加入氢氧化锌共沉淀剂并进行过滤处理。

（4）水样中存在次氯酸盐等氧化性物质时，干扰测定，可加入尿素和亚硝酸钠消除。

（5）水样中存在低价铁、亚硫酸盐、硫化物等还原性物质时，可将 Cr^{6+} 还原为 Cr^{3+}，此时，调节水样 pH 值至 8，加入显色剂溶液，放置 5min 后再酸化显色，并以同法做标准曲线。

4.2　标准曲线的绘制

取 9 支 50mL 比色管，依次加入 0、0.20、0.50、1.00、2.00、4.00、6.00、8.00 和 10.00mL 铬标准使用液，用水稀释至标线，加入 1+1 硫酸 0.5mL 和 1+1 磷酸 0.5mL，摇匀。加入 2mL 显色剂溶液，摇匀。5～10min 后，于 540nm 波长处，用 1cm 或 3cm 比色皿，以水为参比，测定吸光度并作空白校正。以吸光度为纵坐标，相应六价铬含量为横坐标绘出标准曲线。

4.3　水样的测定

取适量（含 Cr^{6+} 少于 $50\mu g$）无色透明或经预处理的水样于 50mL 比色管中，用水稀释至标线，测定方法同标准溶液。进行空白校正后根据所测吸光度从标准曲线上查得 Cr^{6+} 含量。

5　数据处理

$$c_{Cr^{+6}}(mg/L) = \frac{m}{V}$$

式中：m——从标准曲线上查得的 Cr^{6+} 量（μg）；

　　　V——水样体积（mL）。

知识链接——铬

1　概述

铬是银白色金属，在自然界中主要形成铬铁矿。常见化合价有 Cr^{2+}、Cr^{3+}、

Cr^{6+} 三种；铬广泛存在于自然界，其自然来源主要是岩石风化，大多呈三价。

铬在环境中不同条件下有不同的价态，其化学行为和毒性大小亦不同。如水体中三价铬可吸附在固体物质上而存在于沉积物（底泥）中；六价铬则多溶于水中，比较稳定，但在厌氧条件下可还原为三价铬。三价铬的盐类可在中性或弱碱性的水中水解，生成不溶于水的氢氧化铬而沉入水底。

2　铬污染来源

铬的工业用途很广，主要用于金属加工、电镀、皮革行业，这些行业排放的废水、废气和废渣是环境中的主要污染源。铬在工业生产中产生的铬渣如果露天堆放，受雨雪淋浸，所含的六价铬被溶出渗入地下水或进入河流、湖泊中会严重污染环境。工业废水中主要是六价铬的化合物，常以铬酸根离子$[(CrO_4)^{2-}]$存在，煤和石油燃烧的废气中含有颗粒态铬。

3　铬污染危害

铬是人和动物所必需的一种微量元素，躯体缺铬可引起动脉粥样硬化症。铬对植物生长有刺激作用，可提高收获量。但如含铬过多，对人和动植物都是有害的。

三价铬能参与正常的糖代谢过程，而六价铬有强毒性，为致癌物质，并易被人体吸收而在体内蓄积。通常认为六价比三价毒性大，但是对于鱼类三价比六价毒性高。水中不同价态的铬在一定条件下可以互相转换，所以在排放标准中，既要求测定六价铬，也要求测定总铬。

如果人误食饮用，可致腹部不适及腹泻等中毒症状，引起过敏性皮炎或湿疹，呼吸进入，对呼吸道有刺激和腐蚀作用，引起咽炎、支气管炎等。水污染严重地区居民，经常接触或过量摄入者，易得鼻炎、结核病、腹泻、支气管炎、皮炎等。

4　铬污染物测定

4.1　总铬的测定（高锰酸钾氧化，二苯碳酰二肼分光光度法，GB 7466—87）

本法适用于地面水和工业废水中总铬的测定。方法的最小检出限为 $0.2\mu g$，最低检出浓度为 $0.004mg/L$，使用光程为 $10mm$ 的比色皿，测定上限为 $1.0mg/L$。

方法原理：在酸性溶液中，首先用高锰酸钾将水样中的三价铬氧化成六价铬，过量的高锰酸钾用亚硝酸钠分解，过量的亚硝酸钠用尿素分解，然后，加入二苯碳酰二肼显色，于 $540nm$ 处比色测定。

干扰消除:铁含量大于 1mg/L 显黄色,六价钼和汞也和显色剂反应,生成有色化合物,但本法的显色酸度下,反应不灵敏,钼和汞的浓度达200mg/L不干扰测定。钒有干扰,其含量高于 4mg/L 时,干扰显色。但钒与显色剂反应 10min 后,可自行褪色。

4.2　总铬的测定(硫酸亚铁铵滴定法,GB 7466—87)

方法原理:本法适用于总铬浓度大于 1mg/L 的废水。在酸性介质中,以银盐作催化剂,用过硫酸铵将三价铬氧化成六价铬,加少量氯化钠并煮沸,除去过量的过硫酸铵和反应中产生的氯气,以苯基代邻氨基苯甲酸作指示剂,用硫酸亚铁铵标准溶液滴定至溶液呈亮绿色。根据硫酸亚铁铵溶液的浓度和进行试剂空白校正后的用量,可以计算出水样中总铬的含量。

干扰消除:钒对测定有干扰,但一般含铬废水中的钒含量在允许限以下。

作　业——铬

一、填空题

1.清洁水样中的六价铬可直接用_____分光光度法测定,如测总铬,用高锰酸钾将三价铬氧化成六价铬,再用该方法测定。当水样中含铬量较高(>1mg/L)时,采用硫酸亚铁铵滴定法进行测定。

2.水中铬的测定方法主要有_____、_____、_____、_____和_____等。

3.在水体中,六价铬一般是以_____、_____和_____三种阴离子形式存在。

4.二苯碳酰二肼分光光度法测定水中六价铬时,显色酸度一般控制在 0.05—0.3mol/L(1/2H_2SO_4)以_____mol/L 时显色最好。显色前,水样应调至中性。显色时,_____和_____对显色有影响。

5.二苯碳酰二肼分光光度法测定水中六价铬时,如水样有颜色但不太深,可进行_____校正,浑浊且色度较深的水样用_____预处理后,仍含有机物干扰测定时,可用_____破坏有机物后再测定。

6.用二苯碳酰二肼分光光度法测定水中六价铬,当取样体积为 50mL,且使用 30mm 比色皿时,方法的最低检出浓度为_____mg/L。

7.测定六价铬的水样,在 pH 值约为 8 的条件下,置于冰箱内可保存_____天。

二、判断题

1.铬的化合物常见的价态有三价和六价,在水体中,受 pH 值、有机物、氧化还原物质、温度及硬度等因互相影响,三价铬和六价铬化合物可以相互转化。(　　)

2.测定水中总铬时,水样采集后,需加入硝酸调节 pH<2。(　　)

3. 二苯碳酰二肼分光光度法测定水中六价铬时，显色剂二苯碳酰二肼可储存在棕色玻璃瓶中，长期使用，直至用完。（　　）

4. 二苯碳酰二肼分光光度法测定水中六价铬时，六价格将显色剂二苯碳酰二肼氧化成苯肼羟基偶氮苯，而本身被还原为三价铬。（　　）

5. 二苯碳酰二肼分光光度法测定水中六价铬时，二苯碳酰二肼与铬的络合物在 470mm 处有最大吸收。（　　）

6. 二苯碳酰二肼分光光度法测定水中六价铬时，氧化性及还原性物质以及水样有色或浑浊时，对测定均有干扰，须进行预处理。（　　）

7. 六价铬与二苯碳酰二肼反应时，显色酸度一般控制在 $0.05\sim0.3mol/L$（$1/2H_2SO_4$），显色酸度高时，显色快，但色泽不稳定。（　　）

8. 六价铬与二苯碳酰二肼生成有色络合物，该络合物的稳定时间与六价铬的浓度无关。（　　）

三、选择题

1. 二苯碳酰二肼分光光度法测定水中六价铬时，加入磷酸的主要作用是（　　）。

A. 消除 Fe^{3+} 的干扰

B. 控制溶液的酸度

C. 消除 Fe^{3+} 的干扰，控制溶液的酸度

2. 铬在水中的最稳定价态是（　　）。

A. 六价　　　　　　B. 三价　　　　　　C. 二价

3. 二苯碳酰二肼分光光度法测定水中总铬，是在酸性或碱性条件下，用高锰酸钾将（　　），再用二苯碳酰二肼显色测定。

A. 三价铬氧化为六价铬

B. 二价铬氧化为三价铬

4. 二苯碳酰二肼分光光度法测定水中六价铬时，采集的水样应加入固定剂调节至 pH（　　）。

A. <2　　　　　　B. 约 8　　　　　　C. 约 5

5. 二苯碳酰二肼分光光度法测定水中总铬时，加入亚硝酸钠的目的是（　　）。

A. 去除氧化性物质干扰

B. 还原过量的高锰酸钾

C. 调节酸碱度

6. 二苯碳酰二肼分光光度法测定水中总铬时，加入尿素的目的是（　　）。

A. 将 Cr^{3+} 氧化成 Cr^{6+}

B. 还原过量的高锰酸钾

C. 分解过量的亚硝酸钠

7. 铬的毒性与其存在状态有关。铬的（　　）化合物具有强烈的毒性，已确认为致癌物，并能在体内积蓄。

A. 三价   B. 二价   C. 六价

8. 二苯碳酰二肼分光光度法测定六价铬时，水样应在（   ）条件下保存。

A. 弱碱性   B. 弱酸性   C. 中性

四、问答题

1. 高锰酸钾氧化-二苯碳酰二肼分光光度法测定水中总铬含量时，在水样中加入高锰酸钾后加热煮沸，如在煮沸过程中高锰酸钾紫红色消失，说明什么？应如何处理？

2. 高锰酸钾氧化-二苯碳酰二肼分光光度法测定水中总铬的原理是什么？

3. 用二苯碳酰二肼分光光度法测定水中总铬时，水样经硝酸-硫酸消解后，为什么还要加高锰酸钾氧化后才能测定？

4. 用二苯碳酰二肼分光光度法测定水中六价铬时，加入磷酸的主要作用是什么？

5. 测定六价铬或总铬的器皿能否用重铬酸钾洗液洗涤？为什么？应使用何种洗涤剂洗涤？

五、计算题

1. 二苯碳酰二肼分光光度法测定水中六价铬时，要配制浓度为 50.0mg/L 的 Cr(Ⅵ)标准溶液 1000mL，应称取多少克 $K_2Cr_2O_7$？〔已知 $M(K_2Cr_2O_7)=294.2$；$M(Cr=51.996)$〕

2. 二苯碳酰二肼分光光度法测定水中总铬时，所得校准曲线的斜率和截距分别为 $0.044A/\mu g$ 和 $0.001A$。测得水样的吸光度为 $0.095(A.0=0.007)$，在同一水样中加入 4.00mL 铬标准溶液($1.00\mu g/mL$)测定加标回收率。加标后测得试样的吸光度为 0.267，计算加标回收率(不考虑加标体积。)

任务 3   地表水中锰含量的测定

知识目标

★了解锰污染物的主要来源及危害；

★理解地表水中锰的测定原理。

技能目标

◆会锰测定所需水样的采集与保存；

◆会锰测定标准曲线的制作；

◆会分光光度法测定地表水中锰的含量。

📢 **职业标准**

▼中华人民共和国国家标准,水质锰的测定高碘酸钾分光光度法(Water quality—Determination of manganese—Potassium periodate spectrophotometric method),GB 11906—89。

▼中华人民共和国环境保护行业标准,地表水和污水监测技术规范(Technical Specifications Requirements for Monitoring of Surface Water and Waste Water),HJ/T 91—2002。

❓ **实训任务**

杭州市经济技术开发区"消防主题公园"清源桥断面采样点锰含量的测定。

❓ **实训操作**

1 方法原理

在中性的焦磷酸钾介质中,室温条件下高碘酸钾可在瞬间将低价锰氧化到紫红色的七价锰,用分光光度法在525nm处进行测定,使用光程长为50mm光程的比色皿,试料体积为25mL时,方法的最低检出浓度为0.02mg/L,测定上限为3mg/L。含锰量高的水样,可适当减少试料量或使用10mm光程的比色皿,测定上限可达9mg/L。本法适用于饮用水、地面水、地下水和工业废水中可滤态锰和总锰的测定。

2 试剂

(1)焦磷酸钾-乙酸钠缓冲溶液:称取焦磷酸钾($K_4P_2O_7 \cdot 3H_2O$)230g,三水乙酸钠($CHCOONa \cdot 3H_2O$)136g溶于热水中,冷却后定容到1L,此溶液浓度焦磷酸钾为0.6mol/L,乙酸钠为1.0mol/L。

(2)硝酸(HNO_3),$\rho = 1.4$g/mL。

(3)硝酸溶液,1+9。

(4)硝酸溶液,1+1。

(5)高碘酸钾,20g/L溶液:称2g高碘酸钾(KIO_4,优级纯)溶于100mL硝酸(1+9)溶液中。

(6)锰标准储备液,1.00g/L:称取1.000g纯度不低于99.9%的电解锰,溶于20mL硝酸(1+1)溶液中,微热全溶后移入1000mL容量瓶中,用水稀释至标线,摇匀。

（7）锰标准使用液，50.0μg/mL：吸取 10.00mL 锰标准储备液（6）于 200mL 容量瓶中，用水稀释至标线，摇匀。

（8）硫酸（H_2SO_4），ρ＝1.84g/mL。

（9）硫酸溶液，1＋1。

（10）氨水（$NH_3 \cdot H_2O$），ρ＝0.90g/mL。

（11）氨水溶液，1＋5。

3　仪器

一般实验室仪器和分光光度计。

4　采样和样品

用硬质玻璃瓶或聚乙烯瓶采集实验室样品，低价锰易氧化到四价形成沉淀吸附在瓶壁上，采样后加入硝酸，调节样品的 pH 值使之在 1～2 之间。

5　操作步骤

5.1　前处理

（1）测定可滤态锰时样品的前处理

①低色度的清洁水可不经任何前处理直接测定。

②色度校正：如样品有色但不太深时，可在测定样品的同时，另取一份试料不加任何试剂，仅用水稀释至标线后测定其吸光度，试料测得的吸光度扣除此色度校正值后，再行计算结果。

③严重污染的废水应分取 25mL 试样于 100mL 锥形瓶中，加入 5mL 硝酸和 2mL 硫酸加热直至硫酸烟冒至将尽，取下，冷却，滴加 3～4 滴硝酸少量水，加热使盐类溶解，冷却，滴加氨水（1＋5）调节酸度至 pH＝1～2 后移入 50mL 容量瓶中再行测定。

（2）测定总锰时样品的前处理：测定总锰时，取酸化混匀后未经过滤的水样按前进方法进行前处理。

5.2　空白试验

按与试料完全相同的处理步骤进行空白试验，仅用 25mL 水代替试料。

5.3　样品测定

根据不同测定要求和样品色度、污染情况，取 25mL 试料，进行前处理后移入

50mL 容量瓶中,加入 10mL 焦磷酸钾-乙酸钠缓冲液,3mL 高碘酸钾溶液,用水稀释至标线,摇匀,放置 10min 后以水作参比,用 50mm 比色皿在 525nm 处测量吸光度。

5.4　校准曲线

向一系列 50mL 容量瓶或比色管中分别加入 0.00、0.50、1.00、1.50、2.00、2.50mL 锰标准使用液,用水稀释至 25mL,加入 10mL 焦磷酸钾-乙酸钠缓冲溶液,以下操作按(5.3)条进行。

以测得的吸光度为纵坐标,锰量为横坐标绘制校准曲线,并进行相应的回归计算。

6　结果的表示

锰浓度 $c(mg/L)$,按下式计算:

$$c = m/V$$

式中:m——由标准曲线查得的试料含锰量(μg);

V——试料的体积(mL)。

或按得到的回归方程计算。

7　注意事项

(1)可滤态锰:样品采集后,立即在现场用 $0.45\mu m$ 滤器过滤并酸化滤液,滤液中测得的锰量为可溶性锰。

(2)总锰:样品采集后不过滤立即酸化,经消解后测得的锰量。

(3)酸度:是发色完全与否的关键条件,酸性保存的样品,分析前应调至 pH＝1～2,不得低于 1。

(4)样品消化:不能蒸干,一旦蒸干铁锰等盐类很难复溶,将导致结果偏低,样品消化后亦应调节 pH＝1～2,以利发色。

知识链接——锰

1　概述

锰在地壳中的平均丰度为 950ppm,是微量元素中丰度最大的。自然界中没有元素态的锰。以锰为主要元素的矿物近百种,而以锰为次要元素的矿物则更多,其中赋存态为二氧化锰的矿物多于赋存态为碳酸锰和硅酸锰的矿物。火成岩中平均含锰为 1000ppm,石油中含锰很少,只有 0.6ppm,煤中平均含锰 50ppm,褐煤中含锰 20~90ppm。

2 锰污染来源

锰的天然风化量每年 380 万 T,从河流流向海洋输送量为 30 万 T。全世界每年锰的开采量达 2460 万 T,大于天然循环量。锰在工业上主要用于制造锰铁和锰合金。锰铁和二氧化锰用于制造电焊条。二氧化锰又用于制造干电池的去极剂。此外,在生产玻璃着色剂、染料、油漆、颜料、火柴、肥皂、人造橡胶、塑料、农药等工业中也用锰及其化合物作原料。生产上述产品的工厂以及锰的采矿场和冶炼厂,是锰的主要污染源。

3 锰污染危害

锰是人体必需的营养元素。人每 kg 体重平均含锰为 0.2mg。正常人每日从食物和水中摄取锰 3~10mg。水中的二价锰对人、畜和水生生物的毒性很小。例如对于水生生物的异脚目,锰的毒性浓度为 15mg/L,对鲤鱼为 600mg/L。低浓度的锰会影响水的色、臭、味性状。锰浓度为 0.15mg/L 时,水出现浑浊;锰浓度为 0.5mg/L 时,水有金属味;氯化锰浓度为 1.0mg/L 和硫酸锰浓度为 4mg/L 时,水便有感觉出味强度为 1 级的异味。

4 锰的测定[甲醛肟分光光度法(试行),HJ/T344 2007]

本法适用于饮用水及未受严重污染的地表水的水样中总锰的测定,不适宜于高度污染的工业废水的测定。方法最低检出质量浓度为 0.01mg/L,测定质量浓度范围为 0.05~4.0mg/L,校准曲线范围为 2~40μg/50mL。

方法原理:在 pH 为 9.0~10.0 的碱性溶液中,锰(Ⅱ)被溶解氧氧化为锰(Ⅳ),与甲醛肟生成棕色络合物。反应式为:

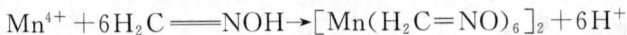

$$Mn^{4+} + 6H_2C = NOH \rightarrow [Mn(H_2C=NO)_6]_2 + 6H^+$$

该络合物的最大吸收波长为 450nm,其摩尔吸光系数为 1.1×10^4 L/(mol·cm)。锰质量浓度在 4.0mg/L 以内,质量浓度和吸光度之间呈线性关系。

干扰的消除:铁、铜、钴、镍、钒、铈均与甲醛肟形成络合物,干扰锰的测定,加入盐酸羟胺和 EDTA 可减少其干扰。在本工作条件下,测定 20μg 锰时,铁 200μg,铜、钴、镍、铀、钍、铬、钼、钨各 50μg,钙 20mg,镁 10mg,铝 1mg,氯根、硝酸根、硫酸根、磷酸根、碳酸根各 50mg,氟 2mg 均不干扰测定。10μg 钒产生 75% 正干扰,20μg 铈产生 40% 负干扰。

作业——锰

一、填空题

1. 一般工业用水中锰的含量不允许超过_____ mg/L 限值。

2.《水质锰的测定甲醛肟分光光度法》(HJ/T 344—2007)适用于饮用水及_____中总锰的测定,不适于测定_____。

3. 甲醛肟分光光度法测定水中锰时,将显色液倒入 50mm 比色皿中,于_____ nm 波长处,以_____为参比测量吸光度,并做空白校正。

4.《水质锰的测定甲醛肟分光光度法(试行)》(HJ/T 344—2007)的最低检出浓度为_____ mg/L,测定浓度范围为_____ mg/L,校正曲线范围为_____ μg/50mL。

二、判断题

1. 含铁水样暴露在空气中,高价铁易被分解成低价铁。 (　　)

2. 含铁水样的 pH>3.5 时,二价铁可迅速被氧化成三价铁。 (　　)

3. 邻菲罗啉分光光度法测定水中铁时,亚铁离子在 pH3 溶液中与邻菲罗啉生成稳定的络合物,避光保存可稳定 3 个月。 (　　)

4. 含铁水样在保存和运输过程中,水中的细菌繁殖也会改变铁的存在形式。 (　　)

5. 铁及其化合物均具有低毒性和微毒性。 (　　)

6. 邻菲罗啉分光光度法测定水中的铁,当水样有底色时,可用不加邻菲罗啉的试液作参比,对水样的底色进行校正。 (　　)

7. 地表水中有可溶性三价锰的络合物和七价悬浮物存在。 (　　)

8. 测定总锰的水样,应要采样时加硝酸酸化至 pH>2,测定可过滤性锰的水样,应在采样现场用 0.45μm 有机微孔滤膜过滤,再用硝酸酸化至 pH<2 保存,废水样品应加入硝酸至水样体积的 1%。 (　　)

9.《污水综合排放标准》(GB 8978—1996)一级标准中,总锰的最高允许排放浓度为 1.0mg/L。 (　　)

10. 高碘酸钾分光光度法测定水中锰,试样加热消解时,切不可蒸干,否则易导致测定结果偏低。 (　　)

11. 高碘酸钾分光光度法测定水中锰,酸度是显色完全与否的关键条件。 (　　)

12. 甲醛肟分光光度法测定水中锰时,在容量瓶中显色完毕后,摇动时有大量气体产生,可立即将容量瓶打开。 (　　)

13. 甲醛肟分光光度法测定水中锰时,所有玻璃器皿在使用前均需用(1+10)盐酸浸泡,再用水冲洗干净。 (　　)

14. 甲醛肟分光光度法测定水中锰时,甲醛肟溶液应贮存于冰箱中,可保存至

少 1 个月。　　　　　　　　　　　　　　　　　　　　　　　　　　（　　）

15.甲醛肟分光光度法测定水中锰时,经酸化至 pH＝1 的清洁水,不可直接用于测定。　　　　　　　　　　　　　　　　　　　　　　　　　（　　）

16.甲醛肟分光光度法测定水中锰时,含有悬浮二氧化锰和有机锰的水样需进行预处理。　　　　　　　　　　　　　　　　　　　　　　　　（　　）

三、选择题

1.印染、纺织等工业用水中铁的含量必须在（　　）mg/L 以下。

A.0.05　　　　B.0.1　　　　C.0.5　　　　D.0.8

2.《地下水质量标准》(GB/T 14848—1993)中铁的三级标准为（　　）mg/L。

A.≤0.1　　　　B.≤0.2　　　　C.≤0.3　　　　D.≤1.0

3.邻菲罗啉分光光度法测定水中高铁离子或总铁含量时,先要用（　　）将高铁离子还原还亚铁离子。

A.邻菲罗啉　　　B.盐酸羟　　　C.氯化钠　　　D.硼氧化钾

4.邻菲罗啉分光光度法适合于一般环境水和废水中铁含量的测定,其最低检出浓度及检测上限分别是（　　）mg/L 和（　　）mg/L。

A.0.01,2.00　　B.0.02,5.00　　C.0.03,5.00　　D.0.05,8.00

5.地下水中由于缺少溶解氧,锰主要以（　　）锰的形式存在。

A.二价　　　　B.三价　　　　C.四价

D.六价　　　　E.七价

6.高碘酸钾分光光度法测定水中锰时,50mL 水样中锰含量低于（　　）μg 时,符合比尔定律。

A.50　　　　B.75　　　　C.125　　　　D.150

7.甲醛肟分光光度法测定水中锰,显色时,视锰含量分取一定体积水样置100mL 烧杯中,用氢氧化钠溶液调节水样 pH 至（　　）左右。

A.4　　　　B.7　　　　C.10

8.甲醛肟分光光度法测定水中锰时,一般要求加标回收率在（　　）之间。

A.85％～120％　　　　　　B.90％～110％

C.80％～130％　　　　　　D.95％～105％

四、问答题

1.简述邻菲罗啉分光光度法测定水中铁时,样品采集过程及注意事项。

2.如何消除邻菲罗啉分光光度法测定水中铁时金属离子的干扰?

3.高碘酸钾分光光度法测定水中锰时,为什么要选择在中性或弱碱性条件下显色测定?

4.测定总锰的水样采集后,为什么要用硝酸酸化至 pH＜2?

5.简述用甲醛肟分光光度法测定水中锰的方法原理。

6.用甲醛肟分光光度法测定水中锰时,主要物质有哪些? 如何消解?

知识链接——**环境监测**

1 概述

　　环境监测是环境科学的一个重要分支学科。环境化学、环境物理学、环境地学、环境工程学、环境医学、环境管理学、环境经济学以及环境法学等所有环境科学的分支学科,都需要在了解、评价环境质量及其变化趋势的基础上,才能进行各项研究和制订有关管理、经济的法规。"监测"一词的含义可理解为监视、测定、监控等,因此环境监测就是通过对影响环境质量因素的代表值的测定,确定环境质量(或污染程度)及其变化趋势。随着工业和科学的发展,监测含义的内容也扩展了。由工业污染源的监测逐步发展到对大环境的监测,即监测对象不仅是影响环境质量的污染因子,还延伸到对生物、生态变化的监测。

　　判断环境质量,仅对某一污染物进行某一地点、某一时刻的分析测定是不够的,必须对各种有关污染因素、环境因素在一定范围、时间、空间内进行测定,分析其综合测定数据,才能对环境质量作出确切评价。因此,环境监测包括对污染物分析测试的化学监测(包括物理化学方法);对物理(或能量)因子热、声、光、电磁辐射、振动及放射性等强度、能量和状态测试的物理监测;对生物由于环境质量变化所发出的各种反映和信息,如群落、种落的迁移变化、受害症状等测试的生物监测。

　　环境监测的过程一般为:现场调查──→监测计划设计──→优化布点──→样品采集──→运送保存──→分析测试──→数据处理──→综合评价等。从信息技术角度看,环境监测是环境信息的捕获──→传递──→解析──→综合的过程。只有在对监测信息进行解析、综合的基础上,才能全面、客观、准确地揭示监测数据的内涵,对环境质量及其变化作出正确的评价。环境监测的对象包括:反映环境质量变化的各种自然因素;对人类活动与环境有影响的各种人为因素;对环境造成污染危害的各种成分。

1.1 环境监测的目的和分类

1.1.1 环境监测的目的

　　环境监测的目的是准确、及时、全面地反映环境质量现状及发展趋势,为环境管理、污染源控制、环境规划等提供科学依据。具体可归纳为:

　　(1)根据环境质量标准,评价环境质量。

　　(2)根据污染分布情况,追踪寻找污染源,为实现监督管理、控制污染提供依据。

　　(3)收集本底数据,积累长期监测资料,为研究环境容量、实施总量控制、目标管理、预测预报环境质量提供数据。

　　(4)为保护人类健康、保护环境、合理使用自然资源、制订环境法规、标准、规划等服务。

1.1.2 环境监测的分类

环境监测可按其监测目的或监测介质对象进行分类,也可按专业部门进行分类,如气象监测、卫生监测和资源监测等。

(1)按监测目的分类

按监测目的分类,环境监测可分为监视性监测、特定目的监测和研究性监测。

①监视性监测(又称为例行监测或常规监测)指对指定的有关项目进行定期的、长时间的监测,以确定环境质量及污染源状况、评价控制措施的效果,衡量环境标准实施情况和环境保护工作的进展。这是监测工作中量最大面最广的工作。监视性监测包括对污染源的监督监测(污染物浓度、排放总量、污染趋势等)和环境质量监测(所在地区的空气、水质、噪声、固体废物等监督监测)。

②特定目的监测(又称为特例监测或应急监测)根据特定的目的可分为以下四种:

●污染事故监测:在发生污染事故时进行应急监测,以确定污染物扩散方向、速度和危及范围,为控制污染提供依据。这类监测常采用流动监测(车、船等)、简易监测、低空航测、遥感等手段。

●仲裁监测:主要针对污染事故纠纷、环境法执行过程中所产生的矛盾进行监测。仲裁监测应由国家指定的具有权威的部门进行,以提供具有法律责任的数据(公证数据),供执法部门、司法部门仲裁。

●考核验证监测:包括人员考核、方法验证和污染治理项目竣工时的验收监测。

●咨询服务监测:为政府部门、科研机构、生产单位所提供的服务性监测。例如建设新企业应进行环境影响评价,需要按评价要求进行监测。

③研究性监测(又称科研监测)是针对特定目的科学研究而进行的高层次的监测。例如环境本底的监测及研究;有毒有害物质对从业人员的影响研究;为监测工作本身服务的科研工作的监测,如统一方法、标准分析方法的研究、标准物质的研制等。这类研究往往要求多学科合作进行。

(2)按监测介质对象分类

按监测介质对象分类,环境监测可分为水质监测、空气监测、土壤监测、固体废物监测、生物监测、噪声和振动监测、电磁辐射监测、放射性监测、热监测、光监测、卫生(病源体、病毒、寄生虫等)监测等。

1.2 环境监测特点和监测技术概述

1.2.1 环境监测的发展

环境污染虽然自古就有,但环境科学作为一门学科是在 20 世纪 50 年代才开始发展起来。最初危害较大的环境污染事件主要是由于化学毒物所造成,因此,对环境样品进行化学分析以确定其组成和含量的环境分析就产生了。由于环境污染物通常处于痕量级(ppm、ppb)甚至更低,并且基体复杂,流动性变异性大,又涉及空间分布及变化,所以对分析的灵敏度、准确度、分辨率和分析速度等提出了很高要求。因此,环境分析实际上是分析化学的发展。这一阶段称之为污染监测阶段或被动监测阶段。

到了20世纪70年代,随着科学的发展,人们逐渐认识到影响环境质量的因素不仅是化学因素,还有物理因素,例如噪声、光、热、电磁辐射、放射性等。所以用生物(动物、植物)的生态、群落、受害症状等的变化作为判断环境质量的标准更为确切可靠。此外,某一化学毒物的含量仅是影响环境质量的因素之一,环境中各种污染物之间、污染物与其他物质、其他因素之间还存在着相加和拮抗作用。所以环境分析只是环境监测的一部分。环境监测的手段除了化学的,还有物理的、生物的等。同时,从点污染的监测发展到面污染以及区域性的监测,这一阶段称之为环境监测阶段,也称为主动监测或目的监测阶段。

监测手段和监测范围的扩大,虽然能够说明区域性的环境质量,但由于受采样手段、采样频率、采样数量、分析速度、数据处理速度等限制,仍不能及时地监视环境质量变化,预测变化趋势,更不能根据监测结果发布采取应急措施的指令。80年代初,发达国家相继建立了自动连续监测系统,并使用了遥感、遥测手段,监测仪器用电子计算机遥控,数据用有线或无线传输的方式送到监测中心控制室,经电子计算机处理,可自动打印成指定的表格,画成污染态势、浓度分布。可以在极短时间内观察到空气、水体污染浓度变化、预测预报未来环境质量。当污染程度接近或超过环境标准时,可发布指令、通告并采取保护措施。这一阶段称为污染防治监测阶段或自动监测阶段。

1.2.2 环境污染和环境监测的特点

(1)环境污染的特点

环境污染是各种污染因素本身及其相互作用的结果。同时,环境污染还受社会评价的影响而具有社会性。它的特点可归纳为:

①时间分布性:污染物的排放量和污染因素的强度随时间而变化。例如工厂排放污染物的种类和浓度往往随时间而变化的。由于河流的潮汐和丰水期、枯水期的交替,都会使污染物浓度随时间而变化。随着气象条件的改变会造成同一污染物在同一地点的污染浓度相差高达数十倍。交通噪声的强度随着不同时间内车辆流量的变化而变化。

②空间分布性:污染物和污染因素进入环境后,随着水和空气的流动而被稀释扩散。不同污染物的稳定性和扩散速度与污染物性质有关,因此,不同空间位置上污染物的浓度和强度分布是不同的。

由上可见,为了正确表述一个地区的环境质量,单靠某一点监测结果是无法说明的,必须根据污染物的时间、空间分布特点,科学地制订监测计划(包括网、点设置、监测项目、采样频率等),然后对监测数据进行统计分析,才能得到较全面而客观的评述。

③环境污染与污染物含量(或污染因素强度)的关系:有害物质引起毒害的量与其无害的自然本底值之间存在一界限(放射性和噪声的强度也有同样情况)。所以,污染因素对环境的危害有一阈值。对阈值的研究,是判断环境污染及污染程度的重要依据,也是制订环境标准的科学依据。

④污染因素的综合效应:环境是一个复杂体系,必须考虑各种因素的综合效应。从传统毒理学观点看,多种污染物同时存在对人或生物体的影响有以下几种情况:

●单独作用,即当机体中某些器官只是由于混合物中某一组分发生危害,没有因污染物的共同作用而加深危害的,称为污染物的单独作用。

●相加作用,混合污染物各组分对机体的同一器官的毒害作用彼此相似,且偏向同一方向,当这种作用等于各污染物毒害作用的总和时,称为污染的相加作用。如大气中二氧化硫和硫酸气溶胶之间、氯和氯化氢之间,当它们在低浓度时,其联合毒害作用即为相加作用,而在高浓度时则不具备相加作用。

●相乘作用,当混合污染物各组分对机体的毒害作用超过个别毒害作用的总和时,称为相乘作用。如二氧化硫和颗粒物之间、氮氧化物与一氧化碳之间,就存在相乘作用。

●拮抗作用,当两种或两种以上污染物对机体的毒害作用彼此抵消一部分或大部分时,称为拮抗作用。如动物试验表明,当食物中有 30ppm 甲基汞,同时又存在 12.5ppm 硒时,就可能抑制甲基汞的毒性。环境污染还会不同程度地改变某些生态系统的结构和功能。

⑤环境污染的社会评价:环境污染的社会评价是与社会制度、文明程度、技术经济发展水平、民族的风俗习惯、哲学、法律等问题有关。有些具有潜在危险的污染因素,因其表现为慢性危害,往往不引起人们注意,而某些现实的、直接感受到的因素容易受到社会重视。如河流被污染程度逐渐增大,人们往往不予注意,而因噪声、烟尘等引起的社会纠纷却很普遍。

(2)环境监测的特点

环境监测就其对象、手段、时间和空间的多变性、污染组分的复杂性等,其特点可归纳为:

①环境监测的综合性

●监测手段包括化学、物理、生物、物理化学、生物化学及生物物理等一切可以表征环境质量的方法。

●监测对象包括空气、水体(江、河、湖、海及地下水)、土壤、固体废物、生物等客体,只有对这些客体进行综合分析,才能确切描述环境质量状况。

●对监测数据进行统计处理、综合分析时,需涉及该地区的自然和社会各个方面情况,因此,必须综合考虑才能正确阐明数据的内涵。

②环境监测的连续性

由于环境污染具有时空性等特点,因此,只有坚持长期测定,才能从大量的数据中揭示其变化规律,预测其变化趋势,数据越多,预测的准确度就越高。因此,监测网络、监测点位的选择一定要有科学性,而且一旦监测点位的代表性得到确认,必须长期坚持监测。

③环境监测的追踪性

环境监测包括监测目的的确定、监测计划的制订、采样、样品运送和保存、实验室测定到数据整理等过程,是一个复杂而又有联系的系统,任何一步的差错都将影响最终数据的质量。特别是区域性的大型监测,由于参加人员众多、实验室和仪器的不同,必然会发生技术和管理水平不同。为使监测结果具有一定的准确性,并使数据具有可比性、代表性和完整性。需有一个量值追踪体系予以监督。为此,需要建立环境监测的质量保证体系。

1.3 监测技术概述

监测技术包括采样技术、测试技术和数据处理技术。关于采样以及噪声、放射性等方面的监测技术在后面有关章节中叙述,这里以污染物的测试技术为重点作一概述。

1.3.1 化学、物理技术

对环境样品中污染物的成分分析及其状态与结构的分析,目前,多采用化学分析方法和仪器分析方法。如重量法常用作残渣、降尘、油类、硫酸盐等的测定。容量分析被广泛用于水中酸度、碱度、化学需氧量、溶解氧、硫化物、氰化物的测定。

仪器分析是以物理和物理化学方法为基础的分析方法。它包括光谱分析法(可见分光光度法、紫外分光光度法、红外光谱法、原子吸收光谱法、原子发射光谱法、X-荧光射线分析法、荧光分析法、化学发光分析法等);色谱分析法(气相色谱法、高效液相色谱法、薄层色谱法、离子色谱法、色谱-质谱联用技术);电化学分析法(极谱法、溶出伏安法、电导分析法、电位分析法、离子选择电极法、库仑分析法);放射分析法(同位素稀释法、中子活化分析法)和流动注射分析法等。

目前,仪器分析方法被广泛用于对环境中污染物进行定性和定量的测定。如分光光度法常用于大部分金属、无机非金属的测定;气相色谱法常用于有机物的测定;对于污染物状态和结构的分析常采用紫外光谱、红外光谱、质谱及核磁共振等技术。

1.3.2 生物技术

生物技术是利用植物和动物在污染环境中所产生的各种反映信息来判断环境质量的方法,这是一种最直接也是一种综合的方法。

生物监测包括生物体内污染物含量的测定;观察生物在环境中受伤害症状;生物的生理生化反应;生物群落结构和种类变化等手段来判断环境质量。例如:利用某些对特定污染物敏感的植物或动物(指示生物)在环境中受伤害的症状,可以对空气或水的污染作出定性和定量的判断。

1.3.3　监测技术的发展

目前,监测技术的发展较快,许多新技术在监测过程中已得到应用。如GC-AAS(气相色谱-原子吸收光谱)联用仪,使两项技术互促互补,扬长避短,在研究有机汞、有机铅、有机砷方面表现了优异性能。再如,利用遥测技术对整条河流的污染分布情况进行监测,是以往监测方法很难完成的。

对于区域甚至全球范围的监测和管理,其监测网络及点位的研究、监测分析方法的标准化、连续自动监测系统、数据传送和处理的计算机化的研究、应用也是发展很快的。在发展大型、自动、连续监测系统的同时,研究小型便携式、简易快速的监测技术也十分重要。例如,在污染突发事故的现场、瞬时造成很大的伤害,但由于空气扩散和水体流动,污染物浓度的变化十分迅速,这时大型仪器无法使用,而便携式和快速测定技术就显得十分重要,在野外也同样如此。

1.4　环境优先污染物和优先监测

有毒化学物污染的监测和控制,无疑是环境监测的重点。世界上已知的化学品有 700 万种之多,而进入环境的化学物质已达 10 万种。因此不论从人力、物力、财力或从化学毒物的危害程度和出现频率的实际情况,人们不可能对每一种化学品都进行监测、实行控制,而只能有重点、针对性地对部分污染物进行监测和控制。这就必须确定一个筛选原则,对众多有毒污染物进行分级排队,从中筛选出潜在危害性大,在环境中出现频率高的污染物作为监测和控制对象。这一筛选过程就是数学上的优先过程,经过优先选择的污染物称为环境优先污染物,简称为优先污染物(Priority Pollutants)。对优先污染物进行的监测称为优先监测。

在初期,人们控制污染是对一些进入环境数量大(或浓度高)、毒性强的物质如重金属等,其毒性多以急性毒性反映,且数据容易获得。而有机污染物则由于种类多、含量低、分析水平有限,故以综合指标 COD、BOD、TOC 等来反映。但随着生产和科学技术的发展,人们逐渐认识到一批有毒污染物(其中绝大部分是有机物),可在极低的浓度下于生物体内累积,对人体健康和环境造成严重的甚至不可逆的影响。许多痕量有毒有机物对综合指标 BOD、COD、TOC 等贡献甚小,但对环境的危害甚大,此时,常用的综合指标已不能反映有机污染状况。这些就是需要优先控制的污染物,它们具有如下特点:难以降解、在环境中有一定残留水平、出现频率较高、具有生物积累性、三致物质、毒性较大以及现代已有检出方法的。

美国是最早开展优先监测的国家。早在 20 世纪 70 年代中期,就在"清洁水法"中明确规定了 129 种优先污染物,它一方面要求排放优先污染物的工厂采用最佳可利用技术(BAT),控制点源污染排放。另一方面制订环境质量标准,对各水域实施优先监测。其后又提出了 43 种空气优先污染物名单。

苏联卫生部于 1975 年公布了水体中有害物质最大允许浓度,其中无机物质 73 种,后又补充了 30 种,共 103 种;有机物 378 种,后又补充了 118 种,共 496 种。实施 10 年后,又补充了 65 种有机物,合计达 664 种之多。在 1975 年所公布的工作环境空气和居民区大气中有害物质最大允许浓度,其中无机物及其混合物 266 种,有机物 856 种,合计达 1122 种之多。

欧洲经济共同体在 1975 年提出的"关于水质的排放标准"的技术报告,列出了所谓"黑名单"和"灰名单"。

"中国环境优先监测研究"亦已完成,提出了"中国环境优先污染物黑名单",包括 14 种化学类别共 68 种有毒化学物质,其中有机物占 58 种,见表 5-2。表中标有"△"符号者为推荐近期实施的名单,包括 12 个类别、48 种有毒化学物质,其中有机物占 38 种。

5-2 中国环境优先污染物黑名单

化学类别	名　称
1. 卤代(烷、烯)烃类	二氯甲烷、三氯甲烷△、四氯化碳△、1,2-二氯乙烷△、1,1,1-二氯乙烷、1,1,2-三氯乙烷、1,1,2,2-四氯乙烷、三氯乙烯△、四氯乙烯△、三溴甲烷△
2. 苯系物	苯△、甲苯△、乙苯△、邻-二甲苯、间-二甲苯、对-二甲苯
3. 氯代苯类	氯苯△、邻-二氯苯△、对-二氯苯△、六氯苯
4. 多氯联苯类	多氯联苯
5. 酚类	苯酚△、间-甲酚△、2,4-二氯酚△、2,4,6-三氯酚△、五氯酚△、对-硝基酚△
6. 硝基苯类	硝基苯△、对-硝基甲苯△、2,4-二硝基甲苯、三硝基甲苯、对-硝基氯苯△、2,4-二硝基氯苯△
7. 苯胺类 8. 多环芳烃	苯胺△、二硝基苯胺、对-硝基苯胺△、2,6-二氯硝基苯胺 萘、荧蒽、苯并[b]荧蒽、苯并[k]荧蒽、苯并[a]芘△、茚并[1,2,3-c,d]芘、苯并[ghi]芘
9. 酞酸酯类	酞酸二甲酯、酞酸二丁酯△、酞酸二辛酯△
10. 农药 11. 丙烯腈	六六六△、滴滴涕△、敌敌畏△、乐果△、对硫磷△、甲基对硫磷△、除草醚△、敌百虫△ 丙烯腈
12. 亚硝胺类	N-亚硝基二丙胺、N-亚硝基二正丙胺
13. 氰化物	氰化物△
14. 重金属及其化合物	砷及其化合物△、铍及其化合物△、镉及其化合物△、铬及其化合物△、铜及其化合物△、铅及其化合物△、汞及其化合物△、镍及其化合物△、铊及其化合物△

2 环境标准

环境标准就是为了保护人群健康、防治环境污染、促使生态良性循环,同时又合理利用资源,促进经济发展,依据环境保护法和有关政策,对环境中有害成分含量及其排放源规定的限量阈值和技术规范。环境标准是政策、法规的具体体现。

2.1　环境标准的作用

(1)环境标准既是环境保护和有关工作的目标,又是环境保护的手段。它是制订环境保护规划和计划的重要依据。

(2)环境标准是判断环境质量和衡量环保工作优劣的准绳。评价一个地区环境质量的优劣、评价一个企业对环境的影响,只有与环境标准相比较才能有意义。

(3)环境标准是执法的依据。不论是环境问题的诉讼、排污费的收取、污染治理的目标等执法的依据都是环境标准。

(4)环境标准是组织现代化生产的重要手段和条件。通过实施标准可以制止任意排污,促使企业对污染进行治理和管理;采用先进的无污染、少污染工艺;设备更新;资源和能源的综合利用等。

总之,环境标准是环境管理的技术基础。

2.2　环境标准的分类和分级

我国环境标准分为:环境质量标准、污染物排放标准(或污染控制标准)、环境基础标准、环境方法标准、环境标准物质标准和环保仪器、设备标准等六类。

环境标准分为国家标准和地方标准两级,其中环境基础标准、环境方法标准和标准物质标准等只有国家标准,并尽可能与国际标准接轨。

2.2.1　环境质量标准

为了保护人类健康、维持生态良性平衡和保障社会物质财富,并考虑技术经济条件、对环境中有害物质和因素所作的限制性规定。它是衡量环境质量的依据,环保政策的目标、环境管理的依据,也是制订污染物控制标准的基础。

2.2.2　污染物控制标准

为了实现环境质量目标,结合技术经济条件和环境特点,对排入环境的有害物质或有害因素所作的控制规定。由于我国幅员辽阔,各地情况差别较大,因此不少省市制订了地方排放标准,但应该符合以下两点:①国家标准中所没有规定的项目;②地方标准应严于国家标准,以起到补充、完善的作用。

2.2.3　环境基础标准

在环境标准化工作范围内,对有指导意义的符号、代号、指南、程序、规范等所作的统一规定,是制订其他环境标准的基础。

2.2.4　环境方法标准

在环境保护工作中以试验、检查、分析、抽样、统计计算为对象制订的标准。

2.2.5　环境标准样品标准

环境标准样品是在环境保护工作中,用来标定仪器、验证测量方法、进行量值传递或质量控制的材料或物质。对这类材料或物质必须达到的要求所作的规定称为环境标准样品标准。

2.2.6 环保仪器、设备标准

为了保证污染治理设备的效率和环境监测数据的可靠性和可比性,对环境保护仪器、设备的技术要求所作的统一规定。

2.3 制订环境标准的原则

环境标准体现国家技术经济政策。它的制订要充分体现科学性和现实性相统一,才能既保护环境质量的良好状况,又促进国家经济技术的发展。

2.3.1 要有充分的科学依据

标准中指标值的确定,要以科学研究的结果为依据,如环境质量标准,要以环境质量基准为基础。所谓环境质量基准,是指经科学试验确定污染物(或因素)对人或生物不产生不良或有害影响的最大剂量或浓度。例如,经研究证实,大气中二氧化硫年平均浓度超过 $0.115mg/m^3$ 时对人体健康就会产生有害影响,这个浓度值就是大气中二氧化硫的基准。制订监测方法标准要对方法的准确度、精密度、干扰因素及各种方法的比较等进行试验。制订控制标准的技术措施和指标,要考虑它们的成熟程度、可行性及预期效果等。

2.3.2 既要技术先进、又要经济合理

基准和标准是两个不同的概念。环境质量基准是由污染物(或因素)与人或生物之间的剂量-反应关系确定的,不考虑社会、经济、技术等人为因素,也不随时间而变化。而环境质量标准是以环境质量基准为依据,考虑社会、经济、技术等因素而制定,并具有法律强制性,它可以根据情况不断修改、补充。

污染控制标准制订的焦点是如何正确处理技术先进和经济合理之间的矛盾,标准要定在最佳实用点上。这里有"最佳实用技术法"(简称 BPT 法)和"最佳可行技术法"(简称 BAT 法)两种。BPT 法是指工艺和技术可靠,从经济条件上国内能够普及的技术。BAT 法是指技术上证明可靠、经济上合理,但属于代表工艺改革和污染治理方向的技术。环境污染从根本上讲是资源、能源的浪费,因此标准应促使工矿企业技术改造,采用少污染、无污染的先进工艺。按照环境功能、企业类型、污染物危害程度、生产技术水平区别对待这些也应在标准中明确规定或具体反映。

2.3.3 与有关标准、规范、制度协调配套

质量标准与排放标准、排放标准与收费标准、国内标准与国际标准之间应该相互协调才能贯彻执行。

2.3.4 积极采用或等效采用国际标准

一个国家的标准是反映该国的技术、经济和管理水平。积极采用或等效采用国际标准,是我国重要的技术经济政策,也是技术引进的重要部分,它能了解当前国际先进技术水平和发展趋势。

2.4 水环境保护标准

水是人类重要资源及一切生物生存的基本物质之一,水质污染是环境污染中最主要方面之一。目前我国已经颁布的水质标准主要有:

2.4.1 水环境质量标准

地表水环境质量标准(GB 3838—2002),地下水质量标准(GB/T 14848—93),海水水质标准(GB 3097—1997),农田灌溉水质标准(GB 5084—92),渔业水质标准(GB 11607—89),生活饮用水卫生标准(GB 5749—2006)等。

2.4.2 水污染排放标准

污水综合排放标准(GB 8987—1996),制革及毛皮加工工业水污染物排放标准(GB 30486—2013)和一批工业水污染物排放标准等 60 多项。

2.4.3 水质监测技术规范

地表水和污水监测技术规范(HJ/T 91—2002)、地下水环境监测技术规范(HJ/T 164—2004)、水污染物排放总量监测技术规范(HJ/T 92—2002)、水质采样技术指导(HJ 494—2009)、水质采样方案设计技术指导(HJ 495—2009)、水质样品的保存和管理技术规定(HJ 493—2009)、水质湖泊和水库采样技术指导(GB/T 14581—93)和水质河流采样技术指导(HJ/T 52—1999)等。

2.4.4 水质监测方法标准

氨氮的测定(纳氏试剂分光光度法,HJ535—2009)、五日生化需氧量(BOD$_5$)的测定(稀释与接种法,HJ505—2009)、挥发酚的测定(4-氨基安替比林分光光度法,HJ503—2009)等 170 多项。

2.4.5 其他相关标准

饮用水水源保护区标志技术要求(HJ/T433—2008)、近岸海域环境功能区划分技术规范(HJ/T82—2001)、水质词汇(HJ596—2010)等 20 多项。

2.4.6 已被替代(废止)标准

海水水质标准(GB 3097—82)、水质采样方案设计规定(GB 12997—91)、水质采样样品的保存和管理技术规定(GB 12999—91)、水质铵的测定纳氏试剂比色法(GB 7479—87)、水质五日生化需氧量(BOD$_5$)的测定稀释与接种法(GB 7488—87)等 40 多项。

2.4.7 地表水环境质量标准(GB 3838—2002)

本标准将标准项目分为:地表水环境质量标准基本项目、集中式生活饮用水地表水源地补充项目和集中式生活饮用水地表水源地特定项目,共计 109 项,其中地表水环境质量标准基本项目 24 项,集中式生活饮用水地表水源地补充项目 5 项,集中式生活饮用水地表水源地特定项目 80 项。

地表水环境质量标准基本项目适用于全国江河、湖泊、运河、渠道、水库等具有使用功能的地表水水域;集中式生活饮用水地表水源地补充项目和特定项目适用于集中式生活饮用水地表水源地一级保护区和二级保护区。集中式生活饮用水地表水源地特定项目由县级以上人民政府环境保护行政主管部门根据本地区地表水水质特点和环境管理的需要进行选择，集中式生活饮用水地表水源地补充项目和选择确定的特定项目作为基本项目的补充指标。

县级以上人民政府环境保护行政主管部门及相关部门根据职责分工，按本标准对地表水各类水域进行监督管理。与近海水域相连的地表水河口水域根据水环境功能按本标准相应类别标准值进行管理，近海水功能区水域根据使用功能按《海水水质标准》相应类别标准值进行管理。批准划定的单一渔业水域按《渔业水质标准》进行管理；处理后的城市污水及与城市污水水质相近的工业废水用于农田灌溉用水的水质按《农田灌溉水质标准》进行管理。依据地表水水域环境功能和保护目标，按功能高低依次划分为五类。

Ⅰ类：主要适用于源头水、国家自然保护区；

Ⅱ类：主要适用于集中式生活饮用水地表水源地一级保护区、珍稀水生生物栖息地、鱼虾类产卵场、仔稚幼鱼的索饵场等；

Ⅲ类：主要适用于集中式生活饮用水地表水源地二级保护区、鱼虾类越冬场、洄游通道、水产养殖区等渔业水域及游泳区；

Ⅳ类主要适用于一般工业用水区及人体非直接接触的娱乐用水区；

Ⅴ类：主要适用于农业用水区及一般景观要求水域。

对应地表水上述五类水域功能，将地表水环境质量标准基本项目标准值分为五类，不同功能类别分别执行相应类别的标准值。水域功能类别高的标准值严于水域功能类别低的标准值。同一水域兼有多类使用功能的，执行最高功能类别对应的标准值。实现某类水域功能与达到某类功能类别标准为同一含义。

标准规定的不同功能水域应执行不同标准值。划分各水域功能，一般不得低于现状功能，排污口所在水域形成的混合区，不得影响鱼类洄游通道及邻近功能区水质。渔业水域，由各级渔业行政部门按 GB 11607—89《渔业水质标准》监督管理；生活饮用水取水点按 GB 5749—85《饮用水卫生标准》监督管理；放射性标准执行国家 GB 8703—88《辐射防护规定》。

5-3　地表水环境质量标准基本项目标准限值单位　　　　　　　　　mg/L

序号	项目	Ⅰ类	Ⅱ类	Ⅲ类	Ⅳ类	Ⅴ类
1	水温（℃）	人为造成的环境水温变化应限制在：周平均最大温升≤1，周平均最大温降≤2				
2	pH 值（无量纲）	6～9				
3	溶解氧	饱和率90%（或7.5）	≥6	≥5	≥3	≥2
4	高锰酸盐指数	≤2	≤4	≤6	≤10	≤15

续表

序号	项目	Ⅰ类	Ⅱ类	Ⅲ类	Ⅳ类	Ⅴ类
5	化学需氧量（COD）	≤15	≤15	≤20	≤30	≤40
6	五日生化需氧量（BOD₅）	≤3	≤3	≤4	≤6	≤10
7	氨氮（NH₃-N）	≤0.15	≤0.5	≤1.0	≤1.5	≤2.0
8	总磷（以P计）	≤0.02(湖、库0.01)	≤0.1(湖、库0.025)	≤0.2(湖、库0.05)	≤0.3(湖、库0.1)	≤0.4(湖、库0.2)
9	总氮(湖、库以N计)	≤0.2	≤0.5	≤1.0	≤1.5	≤2.0
10	铜	≤0.01	≤1.0	≤1.0	≤1.0	≤1.0
11	锌	≤0.05	≤1.0	≤1.0	≤2.0	≤2.0
12	氟化物（以F⁻计）	≤1.0	≤1.0	≤1.0	≤1.5	≤1.5
13	硒	≤0.01	≤0.01	≤0.01	≤0.02	≤0.02
14	砷	≤0.05	≤0.05	≤0.05	≤0.1	≤0.1
15	汞	≤0.00005	≤0.00005	≤0.0001	≤0.001	≤0.001
16	镉	≤0.001	≤0.005	≤0.005	≤0.005	≤0.01
17	铬(六价)	≤0.01	≤0.05	≤0.05	≤0.05	≤0.1
18	铅	≤0.01	≤0.01	≤0.05	≤0.05	≤0.1
19	氰化物	≤0.005	≤0.05	≤0.2	≤0.2	≤0.2
20	挥发酚	≤0.002	≤0.002	≤0.005	≤0.01	≤0.1
21	石油类	≤0.05	≤0.05	≤0.05	≤0.5	≤1.0
22	阴离子表面活性剂	≤0.2	≤0.2	≤0.2	≤0.3	≤0.3
23	硫化物	≤0.05	≤0.1	≤0.2	≤0.5	≤1.0
24	粪大肠菌群（个/L）	≤200	≤2000	≤10000	≤20000	≤40000

表 5-4　集中式生活饮用水地表水源地补充项目标准限值单位　　mg/L

序号	项目	标准值
1	硫酸盐(以SO_4^{2-}计)	250
2	氯化物(以Cl^-计)	250
3	硝酸盐(以N计)	10
4	铁	0.3
5	锰	0.1

146　水及废水监测

2.4.8　生活饮用水卫生标准(GB 5749—2006)

标准规定了生活饮用水水质卫生要求、生活饮用水水源水质卫生要求、集中式供水单位卫生要求、二次供水卫生要求、涉及生活饮用水卫生安全产品卫生要求、水质监测和水质检验方法,适用于城乡各类集中式供水的生活饮用水,也适用于分散式供水的生活饮用水。

表 5-5　水质常规指标及限值

指标	限值
1.微生物指标[①]	
总大肠菌群(MPN/100mL 或 CFU/100mL)	不得检出
耐热大肠菌群(MPN/100mL 或 CFU/100mL)	不得检出
大肠埃希氏菌(MPN/100mL 或 CFU/100mL)	不得检出
菌落总数(CFU/mL)	100
2.毒理指标	
砷(mg/L)	0.01
镉(mg/L)	0.005
铬(六价,mg/L)	0.05
铅(mg/L)	0.01
汞(mg/L)	0.001
硒(mg/L)	0.01
氰化物(mg/L)	0.05
氟化物(mg/L)	1.0
硝酸盐(以 N 计,mg/L)	10 地下水源限制时为 20
三氯甲烷(mg/L)	0.06
四氯化碳(mg/L)	0.002
溴酸盐(使用臭氧时,mg/L)	0.01
甲醛(使用臭氧时,mg/L)	0.9
亚氯酸盐(使用二氧化氯消毒时,mg/L)	0.7
氯酸盐(使用复合二氧化氯消毒时,mg/L)	0.7
3.感官性状和一般化学指标	
色度(铂钴色度单位)	15
浑浊度(NTU 为散射浊度单位)	1 水源与净水技术条件限制时为 3
臭和味	无异臭、异味
肉眼可见物	无
pH(pH 单位)	不小于 6.5 且不大于 8.5
铝(mg/L)	0.2

续表

指标	限值
铁(mg/L)	0.3
锰(mg/L)	0.1
铜(mg/L)	1.0
锌(mg/L)	1.0
氯化物(mg/L)	250
硫酸盐(mg/L)	250
溶解性总固体(mg/L)	1000
总硬度(以 CaCO$_3$ 计,mg/L)	450
耗氧量(COD$_{Mn}$法,以 O$_2$ 计,mg/L)	3 水源限制, 原水耗氧量>6mg/L 时为 5
挥发酚类(以苯酚计,mg/L)	0.002
阴离子合成洗涤剂(mg/L)	0.3
4.放射性指标[②]	
总 α 放射性(Bq/L)	0.5
总 β 放射性(Bq/L)	1

注:①MPN 表示最可能数;CFU 表示菌落形成单位。当水样检出总大肠菌群时,应进一步检验
　大肠埃希氏菌或耐热大肠菌群;水样未检出总大肠菌群,不必检验大肠埃希氏菌或耐热大
　肠菌群。
　②放射性指标超过指导值,应进行核素分析和评价,判定能否饮用。

2.4.9　污水综合排放标准

标准按照污水排放去向,分年限规定了 69 种水污染物最高允许排放浓度及部分行业最高允许排水量。本标准适用于现有单位水污染物的排放管理,以及建设项目的环境影响评价、建设项目环境保护设施设计、竣工验收及其投产后的排放管理。[1997 年 12 月 31 日之前建设(包括改、扩)的石化企业,COD 一级标准值由 100mg/L 调整为 120mg/L,有单独外排口的特殊石化装置的 COD 标准值按照一级 160mg/L,二级 250mg/L 执行,特殊石化装置指:丙烯腈-腈纶、己内酰胺、环氧氯丙烷、环氧丙烷、间甲酚、BHT、PTA、奈系列和催化剂生产装置。]

标准适用于现有单位水污染物的排放管理,以及建设项目的环境影响评价、建设项目环境保护设施设计、竣工验收及其投产后的排放管理。

按照国家综合排放标准与国家行业排放标准不交叉执行的原则,如造纸工业执行《造纸工业水污染物排放标准(GB 3544—92)》,船舶执行《船舶污染物排放标准(GB 3552—83)》,其他水污染物排放均执行本标准。

表 5-6　第一类污染物最高允许排放浓度　　　　　　　　单位:mg/L

序号	污染物	最高允许排放浓度
1	总汞	0.05
2	烷基汞	不得检出
3	总镉	0.1
4	总铬	1.5
5	六价铬	0.5
6	总砷	0.5
7	总铅	1.0
8	总镍	1.0
9	苯并(a)芘	0.00003
10	总铍	0.005
11	总银	0.5
12	总 α 放射性	1Bq/L
13	总 β 放射性	10Bq/L

表 5-7　第二类污染物最高允许排放浓度

(1997 年 12 月 31 日之前建设的单位)　　　　　　　　单位:mg/L

序号	污染物	适用范围	一级标准	二级标准	三级标准
1	pH	一切排污单位	6～9	6～9	6～9
2	色度(稀释倍数)	染料工业	50	180	—
—	—	其他排污单位	50	80	—
—	—	采矿、选矿、选煤工业	100	300	—
—	—	脉金选矿	100	500	—
3	悬浮物(SS)	边远地区沙金选矿	100	800	—
—	—	城镇二级污水处理厂	20	30	—
—	—	其他排污单位	70	200	400
—	—	甘蔗制糖、苎麻脱胶、湿法纤维板工业	30	100	600
4	五日生化需氧量(BOD₅)	甜菜制糖、酒精、味精、皮革、化纤浆粕工业	30	150	600
—	—	城镇二级污水处理厂	20	30	—
—	—	其他排污单位	30	60	300
—	—	甜菜制糖、焦化、合成脂肪酸、湿法纤维板、染料、洗毛、有机磷农药工业	100	200	1000
—	—	味精、酒精、医药原料药、生物制药、苎麻脱胶、皮革、化纤浆粕工业	100	300	1000
—	—	石油化工工业(包括石油炼制)	100	150	500

续表

序号	污染物	适用范围	一级标准	二级标准	三级标准
5	化学需氧量(COD)	城镇二级污水处理厂	60	120	—
6	石油类	其他排污单位	100	150	500
7	动植物油	一切排污单位	10	10	30
8	挥发酚	一切排污单位	20	20	100
9	总氰化合物	一切排污单位	0.5	0.5	2.0
		电影洗片(铁氰化合物)	0.5	5.0	5.0
10	硫化物	其他排污单位	0.5	0.5	1.0
11	氨氮	一切排污单位	1.0	1.0	2.0
—		医药原料药、染料、石油化工工业	15	50	—
—		其他排污单位	15	25	—
12	氟化物	黄磷工业	10	20	20
—		低氟地区(水体含氟量<0.5 mg/L)	10	10	20
13	磷酸盐(以 P 计)	其他排污单位	0.5	1.0	—
14	甲醛	一切排污单位	—	—	—
15	苯胺类	一切排污单位	1.0	2.0	5.0
16	硝基苯类	一切排污单位	2.0	3.0	5.0
17	阴离子表面活性剂(LAS)	合成洗涤剂工业	5.0	15	20
—		其他排污单位	5.0	10	20
18	总铜	一切排污单位	5.0	1.0	2.0
19	总锌	一切排污单位	2.0	5.0	5.0
20	总锰	合成脂肪酸工业	2.0	5.0	5.0
—		其他排污单位	2.0	2.0	5.0
21	彩色显影剂	电影洗片	2.0	3.0	5.0
22	显影剂及氧化物总量	电影洗片	3.0	6.0	6.0
23	元素磷	一切排污单位	0.1	0.3	0.3
24	有机磷农药(以 P 计)	一切排污单位	不得检出	0.5	0.5
25	粪大肠菌群数	医院*、兽医院及医疗机构含病原体污水	500 个/L	1000 个/L	5000 个/L
		传染病、结核病医院污水	100 个/L	500 个/L	1000 个/L
26	总余氯(采用氯化消毒的医院污水)	医院*、兽医院及医疗机构含病原体污水	<0.5**	>3(接触时间≥1h)	>2(接触时间≥1h)
—		传染病、结核病医院污水	<0.5**	>6.5(接触时间≥1.5h)	>5(接触时间≥1.5h)

注:* 指 50 个床位以上的医院。** 加氯消毒后须进行脱氯处理,达到本标准。

3　水和废水监测

3.1　概述

3.1.1　水资源及其水质污染

　　水是人类社会的宝贵资源,分布于由海洋、江、河、湖和地下水、大气水分及冰川共同构成的地球水圈中。据估计,地球上存在的总水量大约为 $1.37 \times 10^9 km^3$,其中,海水约占 97.3%,淡水仅占 2.7%。淡水不但占的比例小,而且大部分存在于地球南北极的冰川、冰盖中,可利用的淡水资源只有河流、淡水湖和地下水的一部分,总计不到总量的 1%。其分布情况见表 5-8。

表 5-8　地球上水量分布

总水量	分布比(%)	淡水量	分布比(%)
海水	97.3	冰盖、冰川	77.2
淡水	2.7	地下水、土壤水	22.4
		湖泊、沼泽	0.35
		大气	0.04
		河流	0.01

　　水是人类赖以生存的主要物质之一,除供饮用外,更大量的用于生活和工农业生产。随着世界人口的增长及工农业生产的发展,用水量也在日益增加。工业发达国家的用水量几乎每十年翻一番。我国属于贫水国家、人均占有量约 $2.52 km^3/a$ (1985 年),低于世界上多数国家。此外,由于人类的生产和生活活动,将大量工业废水、生活污水、农业回流水及其他废弃物未经处理直接排入水体,造成江、河、湖、地下水等水源的污染,引起水质恶化,使水资源显得更加紧张,亦使保护水资源显得更加重要。

　　水质污染可分为化学型污染、物理型污染和生物型污染三种主要类型。

　　化学型污染是指随废水及其他废弃物排入水体的酸、碱、有机和无机污染物造成的水体污染。

　　物理型污染包括色度和浊度物质污染、悬浮固体污染、热污染和放射性污染。色度和浊度物质来源于植物的叶、根、腐殖质、可溶性矿物质、泥沙及有色废水等;悬浮固体污染是由于生活污水、垃圾和一些工农业生产排放的废物泄入水体或农田水土流失引起的;热污染是由于将高于常温的废水、冷却水排入水体造成的;放射性污染是由于开采、使用放射性物质,进行核试验等过程中产生的废水、沉降物泄入水体造成的。

　　生物型污染是由于将生活污水、医院污水等排入水体,随之引入某些病原微生物造成的。

当污染物进入水体后,首先被大量水稀释,随后进行一系列复杂的物理、化学变化和生物转化。这些变化包括挥发、絮凝、水解、络合、氧化还原及微生物降解等,其结果使污染物浓度降低,并发生质的变化,该过程称为水体自净。但是,当污染物不断地排入,超过水体的自净能力时,就会造成污染物积累,导致水质日趋恶化。

3.1.2　水质监测的对象和目的

水质监测可分为环境水体监测和水污染源监测。环境水体包括地表水(江、河、湖、库、海水)和地下水;水污染源包括生活污水、医院污水及各种废水。对它们进行监测的目的可概括为以下几个方面。

(1)对进入江、河、湖泊、水库、海洋等地表水体的污染物质及渗透到地下水中的污染物质进行经常性的监测,以掌握水质现状及其发展趋势。

(2)对生产过程、生活设施及其他排放源排放的各类废水进行监视性监测,为污染源管理和排污收费提供依据。

(3)对水环境污染事故进行应急监测,为分析判断事故原因、危害及采取对策提供依据。

(4)为国家政府部门制订环境保护法规、标准和规划,全面开展环境保护管理工作提供有关数据和资料。

(5)为开展水环境质量评价、预测预报及进行环境科学研究提供基础数据和手段。

3.1.3　监测项目

(1)监测项目的确定原则

①选择国家和地方的地表水环境质量标准中要求控制的监测项目。

②选择对人和生物危害大、对地表水环境影响范围广的污染物。

③选择国家水污染物排放标准中要求控制的监测项目。

④所选监测项目有"标准分析方法"、"全国统一监测分析方法"。

⑤各地区可根据本地区污染源的特征和水环境保护功能的划分,酌情增加某些选测项目;根据本地区经济发展、监测条件的改善及技术水平的提高,可酌情增加某些污染源和地表水监测项目。

(2)地面水监测项目

饮用水保护区或饮用水源的江河除监测常规项目外,必须注意剧毒和"三致"有毒化学品的监测。

表 5-9 地面水监测项目

	必测项目	选测项目
河流	水温、pH、溶解氧、高锰酸盐指数、化学需氧量、BOD₅、氨氮、总氮、总磷、铜、锌、氟化物、硒、砷、汞、镉、铬（六价）、铅、氰化物、挥发酚、石油类、阴离子表面活性剂、硫化物和粪大肠菌群。	总有机碳、甲基汞,其他项目参照"工业废水监测项目",根据纳污情况由各级相关环境保护主管部门确定。
集中式饮用水源地	水温、pH、溶解氧、悬浮物②、高锰酸盐指数、化学需氧量、BOD₅、氨氮、总磷、总氮、铜、锌、氟化物、铁、锰、硒、砷、汞、镉、铬（六价）、铅、氰化物、挥发酚、石油类、阴离子表面活性剂、硫化物、硫酸盐、氯化物、硝酸盐和粪大肠菌群。	三氯甲烷、四氯化碳、三溴甲烷、二氯甲烷、1,2-二氯乙烷、环氧氯丙烷、氯乙烯、1,1-二氯乙烯、1,2-二氯乙烯、三氯乙烯、四氯乙烯、氯丁二烯、六氯丁二烯、苯乙烯、甲醛、乙醛、丙烯醛、三氯乙醛、苯、甲苯、乙苯、二甲苯③、异丙苯、氯苯、1,2-二氯苯、1,4-二氯苯、三氯苯④、四氯苯⑤、六氯苯、硝基苯、二硝基苯⑥、2,4-二硝基甲苯、2,4,6-三硝基甲苯、硝基氯苯⑦、2,4-二硝基氯苯、2,4-二氯苯酚、2,4,6-三氯苯酚、五氯酚、苯胺、联苯胺、丙烯酰胺、丙烯腈、邻苯二甲酸二丁酯、邻苯二甲酸二（2-乙基己基）酯、水合肼、四乙基铅、吡啶、松节油、苦味酸、丁基黄原酸、活性氯、滴滴涕、林丹、环氧七氯、对硫磷、甲基对硫磷、马拉硫磷、乐果、敌敌畏、敌百虫、内吸磷、百菌清、甲萘威、溴氰菊酯、阿特拉津、苯并(a)芘、甲基汞、多氯联苯⑧、微囊藻毒素-LR、黄磷、钼、钴、铍、硼、锑、镍、钡、钒、钛、铊。
湖泊水库	水温、pH、溶解氧、高锰酸盐指数、化学需氧量、BOD₅、氨氮、总磷、总氮、铜、锌、氟化物、硒、砷、汞、镉、铬（六价）、铅、氰化物、挥发酚、石油类、阴离子表面活性剂、硫化物和粪大肠菌群。	总有机碳、甲基汞、硝酸盐、亚硝酸盐,其他项目参照"工业废水监测项目",根据纳污情况由各级相关环境保护主管部门确定。
排污河（渠）	根据纳污情况,参照"工业废水监测项目"。	
底质监测项目	砷、汞、烷基汞、铬、六价铬、铅、镉、铜、锌、硫化物和有机质。	有机氯农药、有机磷农药、除草剂、PCBs、烷基汞、苯系物、多环芳烃和邻苯二甲酸酯类。

注:①监测项目中,有的项目监测结果低于检出限,并确认没有新的污染源增加时可减少监测频次。根据各地经济发展情况不同,在有监测能力(配置 GC/MS)的地区每年应监测 1 次选测项目。

②悬浮物在 5mg/L 以下时,测定浊度。

③二甲苯指邻二甲苯、间二甲苯和对二甲苯。

④三氯苯指 1,2,3-三氯苯、1,2,4-三氯苯和 1,3,5-三氯苯。

⑤四氯苯指 1,2,3,4-四氯苯、1,2,3,5-四氯苯和 1,2,4,5-四氯苯。

⑥二硝基苯指邻二硝基苯、间二硝基苯和对二硝基苯。

⑦硝基氯苯指邻硝基氯苯、间硝基氯苯和对硝基氯苯。

⑧多氯联苯指 PCB-1016、PCB-1221、PCB-1232、PCB-1242、PCB-1248、PCB-1254 和 PCB-1260。

（3）工业废水监测项目

表 5-10　工业废水监测项目

（地表水和污水监测技术规范,HJ/T91—2002）

类别		必测项目	选测项目①
黑色金属矿山(包括磷铁矿、赤铁矿、锰矿等)		pH 值、悬浮物、重金属②	硫化物、锑、铋、锡、氯化物
钢铁工业(包括选矿、烧结、炼焦、炼铁、炼钢、连铸、轧钢等)		pH 值、悬浮物、COD、挥发酚、氰化物、油类、六价铬、锌、氨氮	硫化物、氟化物、BOD、六价铬
选矿药剂		COD、BOD、悬浮物、硫化物、重金属	
有色金属矿山及冶炼(包括选矿、烧结、电解、精炼等)		pH、COD、悬浮物、氰化物、重金属	硫化物、铍、铝、钒、钴、锑、铋
非金属矿物制品业		pH、COD、BOD、悬浮物、氰化物、重金属	油类
煤气生产和供应业		pH、COD、BOD、悬浮物、油类、重金属、挥发酚、硫化物	多环芳烃、苯并(a)芘、挥发性卤代烃
火力发电(热电)		pH、COD、悬浮物、硫化物	BOD
电力、蒸汽、热水生产和供应业		pH、COD、悬浮物、硫化物、挥发酚、油类	BOD
煤炭采造业		pH、悬浮物、硫化物	砷、油类、汞、挥发酚、COD、BOD
焦化		COD、悬浮物、挥发酚、氨氮、氰化物、油类、苯并(a)芘	总有机碳
石油开采		COD、BOD、悬浮物、油类、硫化物、挥发性卤代烃、总有机碳	挥发酚、总铬
石油加工及炼焦业		COD、BOD、悬浮物、油类、硫化物、挥发酚、总有机碳、多环芳烃	苯并(a)芘、苯系物、铝、氯化物
化学矿开采	硫铁矿	pH、COD、BOD、硫化物、悬浮物、砷	
	磷矿	pH、氟化物、悬浮物、磷酸盐(P)、黄磷、总磷	
	汞矿	pH、悬浮物、汞	硫化物、砷

续表

类别		必测项目	选测项目[①]
无机原料	硫酸	酸度(或 pH)、硫化物、重金属、悬浮物	砷、氟化物、氯化物、铝
	氯碱	酸度(或碱度、或 pH)、COD、悬浮物	汞
	铬盐	碱度(或酸度、或 pH)、六价铬、总铬、悬浮物	汞
有机原料		COD、挥发酚、氰化物、悬浮物、总有机碳	苯系物、硝基苯类、总有机碳、有机氯类、邻苯二甲酸酯等
塑料		COD、BOD、油类、总有机碳、硫化物、悬浮物	氯化物、铝
化学纤维		pH、COD、BOD、悬浮物、总有机碳、油类、色度	氯化物、铝
橡胶		COD、BOD、油类、总有机碳、色度、硫化物、六价铬	苯系物、苯并(a)芘、重金属、邻苯二甲酸酯、氯化物等
医药生产		pH、COD、BOD、油类、总有机碳、悬浮物、挥发酚	苯胺类、硝基苯类、氯化物、铝
染料		COD、苯胺类、挥发酚、总有机碳、色度、悬浮物	硝基苯类、硫化物、氯化物
颜料		COD、硫化物、悬浮物、总有机碳、汞、六价铬	色度、重金属
油漆		COD、挥发酚、油类、总有机碳、六价铬、铅	苯系物、硝基苯类
合成洗涤剂		COD、阴离子合成洗涤剂、油类、总磷、黄磷、总有机碳	苯系物、氯化物、铝
合成脂肪酸		pH、COD、悬浮物、总有机碳	油类
聚氯乙烯		pH、COD、BOD、总有机碳、悬浮物、硫化物、总汞、氯乙烯	挥发酚
感光材料,广播电影电视业		COD、悬浮物、挥发酚、总有机碳、硫化物、银氰化物	显影剂及其氧化物
其他有机化工		COD、BOD、悬浮物、油类、挥发酚、氰化物、总有机碳	pH、硝基苯类、氯化物
化肥	磷肥	pH、COD、BOD、悬浮物、磷酸盐、氟化物、总磷	砷、油类
	氮肥	COD、BOD、悬浮物、氨氮、挥发酚、总氮、总磷	砷、铜、氰化物、油类
合成氨工业		pH、COD、悬浮物、氨氮、总有机碳、挥发酚、硫化物、氰化物、石油类、总氮	镍

类别		必测项目	选测项目^①

类别		必测项目	选测项目①
农药	有机磷	COD、BOD、悬浮物、挥发酚、硫化物、有机磷、总磷	总有机碳、油类
	有机氯	COD、BOD、悬浮物、挥发酚、硫化物、有机氯	总有机碳、油类
除草剂工业		pH、COD、悬浮物、总有机碳、百草枯、阿特拉津、吡啶	除草醚、五氯酚、五氯酚钠、2,4-D、丁草胺、绿麦隆、氯化物、铝、苯、二甲苯、氨、氯甲烷、联吡啶
电镀		pH、碱度、重金属、氰化物	钴、铝、氯化物、油类
烧碱		pH、悬浮物、汞、石棉、活性氯	COD、油类
电气机械及器材制造业		pH、COD、BOD、悬浮物、油类、重金属	总氮、总磷
普通机械制造		pH、COD、BOD、悬浮物、油类、重金属	氰化物
电子仪器、仪表		pH、COD、BOD、氰化物、重金属	氰化物、油类
造纸及纸制品业		酸度(或碱度)、COD、BOD、可吸附有机卤化物(AOX)、挥发酚、悬浮物、色度、硫化物	木质素、油类
纺织染整业		pH、色度、COD、BOD、悬浮物、总有机碳、苯胺类、硫化物、六价铬、铜、氨氮	总有机碳、氯化物、油类、二氧化氯
皮革、毛皮、羽绒服及其制品		pH、COD、BOD、悬浮物、硫化物、总铬、六价铬、油类	总氮、总磷
水泥		pH、悬浮物	油类
油毡		COD、BOD、悬浮物、油类、挥发酚	硫化物、苯并(a)芘
玻璃、玻璃纤维		COD、BOD、悬浮物、氰化物、挥发酚、氟化物	铅、油类
陶瓷制造		pH、COD、BOD、悬浮物、重金属	
石棉(开采与加工)		pH、石棉、悬浮物	挥发酚、油类
木材加工		pH、COD、BOD、悬浮物、挥发酚、甲醛	硫化物
食品加工		pH、COD、BOD、悬浮物、氨氮、硝酸盐氮、动植物油	总有机碳、铝、氯化物、挥发酚、铅、锌、油类、总氮、总磷
屠宰及肉类加工		pH、COD、BOD、悬浮物、动植物油、氨氮、大肠菌群	石油类、细菌总数、总有机碳
饮料制造业		pH、COD、BOD、悬浮物、氨氮、粪大肠菌群	细菌总数、挥发酚、油类、总氮、总磷

续表

类别		必测项目	选测项目①
兵器工业	弹药装药	pH、COD、BOD、悬浮物、梯恩梯（TNT）、黑索（RDX）	硫化物、重金属、硝基苯类、油类
	火工器	pH、COD、BOD、悬浮物、铅、氰化物、硫氰化物、铁（Ⅰ、Ⅱ）、氰络合物	肼和叠氮化物（叠氮化钠生产厂为必测）、油类
	火炸药	pH、COD、BOD、悬浮物、色度、铅、TNT、硝化甘油（NG）、硝酸盐	油类、总有机碳、氨氮
航天推进剂		pH、COD、BOD、悬浮物、氨氮、氰化物、甲醛、苯胺类、肼、一甲基肼、偏二甲基肼、三乙胺、二乙烯三胺	油类、总氮、总磷
船舶工业		pH、COD、BOD、悬浮物、油类、氨氮、氰化物、六价铬	总氮、总磷、硝基苯类、挥发性、卤代烃
制糖工业		pH、COD、BOD、色度、油类	硫化物、挥发酚
电池		pH、重金属、悬浮物	酸度、碱度、油类
发酵和酿造工业		pH、COD、BOD、悬浮物、色度、总氮、总磷	硫化物、挥发酚、油类、总有机碳
货车洗刷和洗车		pH、COD、BOD、悬浮物、油类、挥发酚	重金属、总氮、总磷
管道运输业		pH、COD、BOD、悬浮物、油类、氨氮	总氮、总磷、总有机碳
宾馆、饭店、游乐场所及公共服务业		pH、COD、BOD、悬浮物、油类、挥发酚、阴离子洗涤剂、氨氮、总氮、总磷	粪大肠菌群、总有机碳、硫化物
绝缘材料		pH、COD、BOD、挥发酚、悬浮物、油类	甲醛、多环芳烃、总有机碳、挥发性卤代烃
卫生用品制造业		pH、COD、悬浮物、油类、挥发酚、总氮、总磷	总有机碳、氨氮
生活污水		pH、COD、BOD、悬浮物、氨氮、挥发酚、油类、总氮、总磷、重金属	氯化物
医院污水		pH、COD、BOD、悬浮物、油类、挥发酚、总氮、总磷、汞、砷、粪大肠菌群、细菌总数	氟化物、氯化物、醛类、总有机碳

注：表中所列必测项目、选测项目的增减，由县级以上环境保护行政主管部门认定。

　①监测项目中，有的项目监测结果低于检出限，并确认没有新的污染源增加时可减少监测频次。根据各地经济发展情况不同，在有监测能力（配置 GC/MS）的地区每年应监测 1 次选

测项目。

②重金属系指 Hg、Cr、Cr^{6+}、Cu、Pb、Zn、Cd、Ni 等,具体监测项目由县级以上环境保护行政主管部门确定。

3.1.4　水质监测分析方法

正确选择监测分析方法,是获得准确结果的关键因素之一。选择分析方法应遵循的原则是:灵敏度能满足定量要求;方法成熟、准确;操作简便,易于普及;抗干扰能力好。根据上述原则,为使监测数据具有可比性,各国在大量实践的基础上,对各类水体中的不同污染物质都编制了相应的分析方法。这些方法有以下三个层次,它们相互补充,构成完整的监测分析方法体系。

按照监测方法所依据的原理,水质监测常用的方法有化学法、电化学法、原子吸收分光光度法、离子色谱法、气相色谱法、等离子体发射光谱(ICP-AES)法等。其中,化学法(包括重量法、容量滴定法和分光光度法)目前在国内外水质常规监测中还普遍被采用。

(1)选择分析方法的原则

①首先选用国家标准分析方法,统一分析方法或行业标准方法。

②当实验室不具备使用标准分析方法时,也可采用原国家环境保护局监督管理司环监[1994]017 号文和环监[1995]号文公布的方法体系。

③在某些项目的监测中,尚无“标准”和“统一”分析方法时,可采用 ISO、美国 EPA 和日本 JIS 方法体系等其他等效分析方法,但应经过验证合格,其检出限、准确度和精密度应能达到质控要求。

④当规定的分析方法应用于污水、底质和污泥样品分析时,必要时要注意增加消除基体干扰的净化步骤,并进行可适用性检验。

(2)水和污水的监测分析方法

见附表。

(3)各分析方法特点

①国家标准分析方法:是一些比较经典、准确度较高的方法,是环境污染纠纷法定的仲裁方法,也是用于评价其他分析方法的基准方法。

②统一分析方法:有些项目的监测方法尚不够成熟,但这些项目又急需测定,因此经过研究作为统一方法予以推广,在使用中积累经验,不断完善,为上升为国家标准方法创造条件。

③等效方法:与①、②类方法的灵敏度、准确度具有可比性的分析方法称为等效方法。这类方法可能采用新的技术,应鼓励有条件的单位先用起来,以推动监测技术的进步。但是,新方法必须经过方法验证和对比实验,证明其与标准方法或统一方法是等效的才能使用。

附录 1 样品的保存和管理技术规定

(HJ493—2009 代替 GB 12999—91)

序号	项目	采样容器	保存剂及用量	保存期	采样量(mL)①	容器洗涤	备注
1	pH	G. P.		12h	250	I	尽量现场测定
2	色度	G. P.		12h	250	I	尽量现场测定
3	浊度	G. P.		12h	250	I	尽量现场测定
4	气味	G.	1～5℃冷藏	6h			大量测定可带离现场
5	电导	BG. P.		12h	250	I	尽量现场测定
6	悬浮物	G. P.	1～5℃暗藏	14d	500	I	
7	酸度	G. P.	1～5℃暗藏	30d	500	I	
8	碱度	G. P.	1～5℃暗藏	12h	500	I	
9	二氧化碳	G. P.	水样充满容器，低于取样温度				最好现场测定
10	溶解性固体（干残渣）	见"总固体（总残渣）"					
11	总固体（总残渣，干残渣）	G. P.	1～5℃暗藏	24h	100	I	
12	COD	G.	加 H_2SO_4，pH≤2	2d	500	I	
		P.	−20℃冷冻	30d	100		最长 6m
13	高锰酸盐指数	G.	1～5℃暗处冷藏	24h	500		
		P.	−20℃冷冻				
14	BOD₅	溶氧瓶	1～5℃暗处冷藏	12h	250	I	冷冻，6m(质量浓度小于 50mg/L 保存 1m)
		P.	−20℃冷藏	30d	1000		
15	TOC	G.	加 H_2SO_4，pH≤2，1～5℃	7d	250	I	
		P.	−20℃冷冻	30d	100		
16	DO	溶解氧瓶	加高锰酸钾，碱性 KI 叠氮化钠溶液，现场固定	24h	500	I	
17	总磷	G. P.	HCl，H_2SO_4，pH≤2	24h	250	IV	
		P.	−20℃冷冻	30d	250		
18	溶解性正磷酸盐	见"溶解性磷酸盐"					
19	总正磷酸盐	见"总磷"					
20	溶解性磷酸盐	G. P. BG.	1～5℃冷藏	30d	250		采样时现场过滤
		P.	−20℃冷冻	30d	250		
21	氨氮	G. P.	H_2SO_4，pH≤2	24h	250	I	

续表

序号	项目	采样容器	保存剂及用量	保存期	采样量 (mL)①	容器洗涤	备注
22	氨类（易释放、离子化）	G. P.	H_2SO_4,pH≤2,1~5℃	21d	500		保存前现场离心
		P.	−20℃冷冻	30d	500		
23	$NO_2^- - N$	G. P.	1~5℃冷藏避光	24h	250	I	
24	$NO_3^- - N$	G. P.	1~5℃冷藏	24h	250	I	
		G. P.	HCl,pH=1~2	7d	250		
		P.	−20℃冷冻	30d	250		
25	凯氏氮	BG. P.	H_2SO_4,pH=1~2,1~5℃避光	30d	250		
		P.	−20℃冷冻	30d	250		
26	TN	G. P.	H_2SO_4,pH=1~2	7d	250	I	
		P.	−20℃冷冻	30d	500		
27	硫化物	G. P.	水样充满容器。1L水样加NaOH至pH9,加入5%抗坏血酸5mL,饱和EDTA3mL,滴加饱和Zn(Ac)₂至胶体产生,常温蔽光	24h	250	I	
28	B	P.	水样充满容器	30d	100		
29	总氰	G. P.	NaOH,pH≥9,1~5℃冷藏	7d	250	I	如果硫化物存在,保存12h
30	pH6时释放的氰化物	P.	NaOH,pH≥12,1~5℃暗处冷藏	24h	500		
31	易释放氰化物	P.	NaOH,pH≥12,1~5℃暗处冷藏	7d	500		24h(存在硫化物时)
32	F^-	P.	1~5℃避光	14d	250		
33	Cl^-	G. P.	1~5℃避光	30d	250	I	
34	Br^-	G. P.	1~5℃避光	24h	250	I	
35	I^-	G. P.	NaOH,pH=12	14d	250	I	
36	SO_4^{2-}	G. P.	1~5℃避光	30d	250	I	
37	PO_4^{3-}	G. P.	NaOH,H_2SO_4,调pH=7,$CHCl_3$ 0.5%	7d	250	I	
38	NO_2,NO_3	G. P.	1~5℃冷藏	24h	500		保存前现场过滤
		P.	−20℃冷冻	30d	500		
39	碘化物	G.	1~5℃冷藏	30d	500		
40	溶解性硅酸盐	P.	1~5℃冷藏	30d	200		
41	总硅酸盐	P.	1~5℃冷藏	30d	100		
42	硫酸盐	G. P.	1~5℃冷藏	30d	200		
43	亚硫酸盐	G. P.	水样充满容器。100mL加1mL 2.5% EDTA溶液,现场固定。	2d	500		
44	阳离子表面活性剂	G甲醇洗					不能用溶剂清洗
45	阴离子表面活性剂	G. P.	1~5℃冷藏,用H_2SO_4酸化,pH1~2				不能用溶剂清洗
46	非离子表面活性剂	G.	水样充满容器。1~5℃冷藏,加入37%甲醛,使样品含1%的甲醛溶液				不能用溶剂清洗

续表

序号	项目	采样容器	保存剂及用量	保存期	采样量(mL)①	容器洗涤	备注
47	溴酸盐	G. P.	1~5℃	30d	100		
48	溴化物	G. P.	1~5℃	30d	100		
49	残余溴	G. P.	1~5℃避光	24h	500		最好在采集后5min内现场分析
50	氯胺	G. P.	避光	5min	500		
51	氯酸盐	G. P.	1~5℃冷藏	7d	500		
52	氯化物	G. P.		30d	100		
53	氯化溶剂	G.	水样充满容器。1~5℃冷藏；用HCl酸化，pH1~2 如果样品加氯，250mL 水样加 20mgNa$_2$S$_2$O$_3$·5H$_2$O	24h	250		使用聚四氟乙烯瓶盖
54	二氧化氯	G. P.	避光	5min	500		最好在采集后5min内现场分析
55	余氯	G. P.	避光	5min	500		最好在采集后5min内现场分析
56	亚氯酸盐	G. P.	避光 1~5℃冷藏	5min	500		
57	氟化物	P.		30d	200		聚四氟乙烯除外
58	铍	G. P.	HNO$_3$,1L 水样加浓 HNO$_3$ 10mL	14d	250	Ⅲ	
59	硼	G. P.	HNO$_3$,1L 水样加浓 HNO$_3$ 10mL	14d	250	Ⅰ	
60	Na	P.	HNO$_3$,1L 水样加浓 HNO$_3$ 10mL	14d	250	Ⅱ	
61	Mg	G. P.	HNO$_3$,1L 水样加浓 HNO$_3$ 10mL	14d	250	Ⅱ	
62	K	P.	HNO$_3$,1L 水样加浓 HNO$_3$ 10mL	14d	250	Ⅱ	
63	Ca	G. P.	HNO$_3$,1L 水样加浓 HNO$_3$ 10mL	14d	250	Ⅱ	
64	Cr^{6+}	G. P.	NaOH,pH=8~9	14d	250	Ⅲ	
65	铬		HNO$_3$,1L 水样加浓 HNO$_3$ 10mL	30d	100	酸洗	
66	Mn	G. P.	HNO$_3$,1L 水样加浓 HNO$_3$ 10mL	14d	250	Ⅲ	
67	Fe	G. P.	HNO$_3$,1L 水样加浓 HNO$_3$ 10mL	14d	250	Ⅲ	
68	Ni	G. P.	HNO$_3$,1L 水样加浓 HNO$_3$ 10mL	14d	250	Ⅲ	
69	Cu	P.	HNO$_3$,1L 水样加浓 HNO$_3$ 10mL	14d	250	Ⅲ	
70	Zn	P.	HNO$_3$,1L 水样加浓 HNO$_3$ 10mL	14d	250	Ⅲ	

续表

序号	项目	采样容器	保存剂及用量	保存期	采样量(mL)①	容器洗涤	备注
71	As	G. P.	HNO_3,1L 水样加浓 HNO_3 10mL,DDTC 法,HCl2mL	14d	250	Ⅲ	使用氢化物技术分析砷用盐酸
72	Se	G. P.	HCl,1L 水样加 HCl2mL	14d	250	Ⅲ	
73	Ag	G. P.	HNO_3,1L 水样加浓 HNO_3 2mL	14d	250	Ⅲ	
74	Cd	G. P.	HNO_3,1L 水样加浓 HNO_3 10mL	14d	250	Ⅲ	如用溶出伏安法测定,可改用 1L 水样中加浓 $HClO_4$ 19mL
75	Sb	G. P.	HCl,1‰(氢化物法)	14d	250	Ⅲ	
76	Hg	G. P.	HCl,如水为中性,1L 水样加浓 HCl10mL	14d	250	Ⅲ	
77	铅	G. P. BG	HNO_3,如水为中性,1L 水样加浓 HNO_3 10mL	14d	250		如用溶出伏安法测定,可改用 1L 水样中加浓 $HClO_4$ 19mL
78	铝	G. P.	浓 HNO_3,pH=1~2	30d	100		
79	铀	BG. P.	浓 HNO_3,pH=1~2	30d	200		
80	钒	BG. P.	浓 HNO_3,pH=1~2	30d	100		
81	总硬度		见"钙"				
82	二价铁	BG. P.	HCl,pH=1~2	7d	100		
83	总铁	G. P.	HNO_3,pH=1~2	30d	100		
84	锂	P.	HNO_3,pH=1~2	30d	100		
85	钴	G. P.	HNO_3,pH=1~2	30d	100	酸洗	
86	重金属化合物	BG. P.	HNO_3,pH=1~2	30d	500		最长 6m
87	石油及衍生物		见"碳氢化合物"				
88	油类	G.	HCl,pH≤2	7d	250		
89	酚类	G.	1~5℃避光。磷酸调 pH≤2,加抗坏血酸 0.001~0.002g,去除余氯	24h	1000	Ⅰ	
90	苯酚指数	G.	添加硫酸铜,磷酸酸化至 pH<4	21d	1000		
91	可吸附有机卤化物	G. P.	水样充满容器。用 HNO_3 酸化,pH1~2;1~5℃避光保存	5d	1000		
		P.	-20℃冷冻	30d	1000		
92	挥发性有机物	G.	用1+10HCl调至 pH≤2,加入抗坏血酸 0.01~0.02g除去残余氯;1~5℃避光保存	12h	1000		

续表

序号	项目	采样容器	保存剂及用量	保存期	采样量(mL)①	容器洗涤	备注
93	除草剂类	G.	加入抗坏血酸 0.01~0.02g 除去余氯;1~5℃避光保存	24h	1000	I	
94	酸性除草剂	G(带聚四氟乙烯瓶塞或膜)	HCl,pH1~2,1~5℃冷藏 如果样品加氯,1000mL 水样加 80mgNa₂S₂O₃·5H₂O	14d	1000	萃取样品同时萃取采样容器	不能用水样冲洗采样容器,不能水样充满容器
95	邻苯二甲酸酯类	G.	加入抗坏血酸 0.01~0.02g 除去残余氯;1~5℃避光保存	24h	1000	I	
96	甲醛	G.	加入 0.2~0.5g/L 硫代硫酸钠 除去残余氯;1~5℃避光保存	24h	250	I	
97	杀虫剂(包含有机氯、有机磷、有机氮)	G.P.	1~5℃冷藏 G(溶剂洗,带聚四氟乙烯瓶盖)或 P(适用草甘膦)	5d	1000~3000 不能用水样冲洗采样容器,不能水样充满容器		萃取应在采样后24h内完成
98	氨基甲酸酯类杀虫剂	G.	1~5℃冷藏	14d	1000		如果样品被加氯,1000mL 水加 80mg Na₂S₂O₃·5H₂O
98		P.	−20℃冷冻	30d	1000		
99	叶绿素	G.溶剂洗	1~5℃冷藏	14d	1000		
99		P.	用乙醇过滤萃取后,−20℃冷冻	30d	1000		
99		P.	过滤后−80℃冷冻	30d	1000		
100	清洁剂		见"表面活性剂"				
101	肼	G.	用 HCl 酸化到 pH=1,避光	24h	500		
102	碳氢化合物	G 溶剂(如戊烷)萃取	HCl 或 H₂SO₄ 酸化,pH=1~2	30d	1000		现场萃取不能用水样冲洗采样容器,不能水样充满容器
103	单环芳香烃	G(带聚四氟乙烯薄膜)	水样充满容器。用 H₂SO₄ 酸化,pH=1~2,如果样品加氯,采样前 1000mL 样,加 80mg Na₂S₂O₃·5H₂O	7d	500		
104	有机氯		见"可吸附有机卤化物"				
105	有机金属化合物	G.	1~5℃冷藏	7d	500		萃取应带离现场

续表

序号	项目	采样容器	保存剂及用量	保存期	采样量(mL)①	容器洗涤	备注
106	多氯联苯	G.	1~5℃冷藏溶剂洗,带聚四氟乙烯瓶盖	7d	1000		尽可能现场萃取。不能用水样冲洗采样容器,如果样品加氯,采样前 1000mL 样加 80mg $Na_2S_2O_3 \cdot 5H_2O$
107	多环芳烃	G.	1~5℃冷藏溶剂洗,带聚四氟乙烯瓶盖	7d	500		尽可能现场萃取。如果样品加氯,采样前 1000mL 样加 80mg $Na_2S_2O_3 \cdot 5H_2O$
108	三卤甲烷类	G.	1~5℃冷藏,水样充满容器(或溶剂洗,带聚四氟乙烯小瓶)	14d	100		如果样品加氯,采样前 100mL 样加 8mg $Na_2S_2O_3$

注:(1)P 为聚乙烯瓶(桶),G 为硬质玻璃瓶,BG 为硼硅酸盐玻璃瓶。

(2)d 表示天,h 表示小时,min 表示分。

(3)Ⅰ、Ⅱ、Ⅲ、Ⅳ表示四种洗涤方法:

Ⅰ:洗涤剂洗一次,自来水洗三次,蒸馏水洗一次。对于采集微生物和生物的采样容器,须经160℃干热灭菌 2h。经灭菌的微生物和生物采样容器必须在两周内使用,否则应重新灭菌。经121℃高压蒸汽灭菌15min 的采样容器,如不立即使用,应于 60℃将瓶内冷凝水烘干,两周内使用。细菌检测项目采样时不能用水样冲洗采样容器,不能采混合水样,应单独采样 2h 后送实验室分析。

Ⅱ:洗涤剂洗一次,自来水洗两次,(1+3)HNO₃ 荡洗一次,自来水洗三次,蒸馏水洗一次。

Ⅲ:洗涤剂洗一次,自来水洗两次,(1+3)HNO₃ 荡洗一次,自来水洗三次,去离子水洗一次。

Ⅳ:铬酸洗液洗一次,自来水洗三次,蒸馏水洗一次。如果采集污水样品可省去用蒸馏水、去离子水清洗的步骤。

附录 2 水环境保护标准目录

一、水环境质量标准

标准名称	标准编号	发布时间	实施时间
地表水环境质量标准	GB 3838—2002	2002−4−28	2002−6−1
海水水质标准	GB 3097—1997	1997−12−3	1998−7−1
地下水质量标准	GB/T 14848—93	1993−12−30	1994−10−1
农田灌溉水质标准	GB 5084—92	1992−1−4	1992−10−1
渔业水质标准	GB 11607—89	1989−8−12	1990−

二、水污染物排放标准

标准名称	标准编号	发布时间	实施时间
制革及毛皮加工工业水污染物排放标准	GB 30486—2013	2013−12−27	2014−3−1
电池工业污染物排放标准	GB 30484—2013	2013−12−27	2014−3−1
合成氨工业水污染物排放标准	GB 13458—2013	2013−3−14	2013−7−1
柠檬酸工业水污染物排放标准	GB 19430—2013	2013−3−14	2013−7−1
纺织染整工业水污染物排放标准	GB 4287—2012	2012−10−19	2013−1−1
缫丝工业水污染物排放标准	GB 28936—2012	2012−10−19	2013−1−1
毛纺工业水污染物排放标准	GB 28937—2012	2012−10−19	2013−1−1
麻纺工业水污染物排放标准	GB 28938—2012	2012−10−19	2013−1−1
铁矿采选工业污染物排放标准	GB 28661—2012	2012−6−27	2012−10−1
铁合金工业污染物排放标准	GB 28666—2012	2012−6−27	2012−10−1
钢铁工业水污染物排放标准	GB 13456—2012	2012−6−27	2012−10−1
炼焦化学工业污染物排放标准	GB 16171—2012	2012−6−27	2012−10−1
磷肥工业水污染物排放标准	GB 15580—2011	2011−4−2	2011−10−1
稀土工业污染物排放标准	GB 26451—2011	2011−1−24	2011−10−1
钒工业污染物排放标准	GB 26452—2011	2011−4−2	2011−10−1
汽车维修业水污染物排放标准	GB 26877—2011	2011−7−29	2012−1−1
发酵酒精和白酒工业水污染物排放标准	GB 27631—2011	2011−10−27	2012−1−1
橡胶制品工业水污染物排放标准	GB 27632—2011	2011−10−27	2012−1−1
弹药装药行业水污染物排放标准	GB 14470.3—2011	2011−4−29	2012−1−1
淀粉工业水污染物排放标准	GB 25461—2010	2010−9−27	2010−10−1
酵母工业水污染物排放标准	GB 25462—2010	2010−9−27	2010−10−1
油墨工业水污染物排放标准	GB 25463—2010	2010−9−27	2010−10−1
陶瓷工业污染物排放标准	GB 25464—2010	2010−9−27	2010−10−1
铝工业污染物排放标准	GB 25465—2010	2010−9−27	2010−10−1

标准名称	标准编号	发布时间	实施时间
铅、锌工业污染物排放标准	GB 25466—2010	2010−9−27	2010−10−1
铜、镍、钴工业污染物排放标准	GB 25467—2010	2010−9−27	2010−10−1
镁、钛工业污染物排放标准	GB 25468—2010	2010−9−27	2010−10−1
硝酸工业污染物排放标准	GB 26131—2010	2010−12−30	2011−3−1
硫酸工业污染物排放标准	GB 26132—2010	2010−12−30	2011−3−1
杂环类农药工业水污染物排放标准	GB 21523—2008	2008−4−2	2008−7−1
制浆造纸工业水污染物排放标准	GB 3544—2008	2008−7−25	2008−8−1
电镀污染物排放标准	GB 21900—2008	2008−7−25	2008−8−1
羽绒工业水污染物排放标准	GB 21901—2008	2008−7−25	2008−8−1
合成革与人造革工业污染物排放标准	GB 21902—2008	2008−7−25	2008−8−1
发酵类制药工业水污染物排放标准	GB 21903—2008	2008−7−25	2008−8−1
化学合成类制药工业水污染物排放标准	GB 21904—2008	2008−7−25	2008−8−1
提取类制药工业水污染物排放标准	GB 21905—2008	2008−7−25	2008−8−1
中药类制药工业水污染物排放标准	GB 21906—2008	2008−7−25	2008−8−1
生物工程类制药工业水污染物排放标准	GB 21907—2008	2008−7−25	2008−8−1
混装制剂类制药工业水污染物排放标准	GB 21908—2008	2008−7−25	2008−8−1
制糖工业水污染物排放标准	GB 21909—2008	2008−7−25	2008−8−1
皂素工业水污染物排放标准	GB 20425—2006	2006−9−1	2007−1−1
煤炭工业污染物排放标准	GB 20426—2006	2006−9−1	2006−10−1
医疗机构水污染物排放标准	GB 18466—2005	2005−7−27	
啤酒工业污染物排放标准	GB 19821—2005	2005−7−18	2006−1−1
柠檬酸工业污染物排放标准	GB 19430—2004	2004−1−18	2004−4−1
味精工业污染物排放标准	GB 19431—2004	2004−1−18	2004−4−1
兵器工业水污染物排放标准火炸药	GB 14470.1—2002	2002−11−18	2003−7−1
兵器工业水污染物排放标准火工药剂	GB 14470.2—2002	2002−11−18	2003−7−1
兵器工业水污染物排放标准弹药装药	GB 14470.3—2002	2002−11−18	2003−7−1
城镇污水处理厂污染物排放标准	GB 18918—2002	2002−11−19	2003−7−1
合成氨工业水污染物排放标准	GB 13458—2001	2001−11−12	2002−1−1
污水海洋处置工程污染控制标准	GB 18486—2001	2001−11−12	2002−1−1
畜禽养殖业污染物排放标准	GB 18596—2001	2001−12−28	2003−1−1
污水综合排放标准	GB 8978—1996	1996−10−4	1998−1−1
烧碱、聚氯乙烯工业水污染物排放标准	GB 15581—1995	1995−6−12	1996−7−1
航天推进剂水污染物排放标准	GB 14374—93	1993−5−22	1993−12−1
钢铁工业水污染物排放标准	GB 13456—92	1992−5−18	1992−7−1
肉类加工工业水污染物排放标准	GB 13457—92	1992−5−18	1992−7−1
纺织染整工业水污染物排放标准	GB 4287—92	1992−5−18	1992−7−1
海洋石油开发工业含油污水排放标准	GB 4914—85	1985−1−18	1985−8−1
船舶工业污染物排放标准	GB 4286—84	1984−5−18	1985−3−1
船舶污染物排放标准	GB 3552—83	1983−4−9	1983−10−1

三、相关监测规范、方法标准

标准名称	标准编号	发布时间	实施时间
水质　汞、砷、硒、铋和锑的测定 原子荧光法	HJ694－2014	2014－3－13	2014－7－1
水质　挥发性有机物的测定 吹扫捕集/气相色谱法	HJ686－2014	2014－1－13	2014－4－1
水质　金属总量的消解　微波消解法	HJ678－2013	2013－11－21	2014－2－1
水质　金属总量的消解　硝酸消解法	HJ677－2013	2013－11－21	2014－2－1
水质　酚类化合物的测定 液液萃取/气相色谱法	HJ676－2013	2013－11－21	2014－2－1
水质　肼和甲基肼的测定 对二甲氨基苯甲醛分光光度法	HJ674－2013 代替 GB/T 15507－1995， GB/T 14375－1993	2013－11－21	2014－2－1
水质　钒的测定　石墨炉原子吸收 分光光度法	HJ673－2013 代替 GB/T 14673－1993	2013－11－21	2014－2－1
水质　总磷的测定　流动注射-钼酸 铵分光光度法	HJ671－2013	2013－10－25	2014－1－1
水质　磷酸盐和总磷的测定 连续流动-钼酸铵分光光度法	HJ670－2013	2013－10－25	2014－1－1
水质　磷酸盐的测定离子色谱法	HJ669－2013	2013－10－25	2014－1－1
水质　总氮的测定　流动注射-盐酸 萘乙二胺分光光度法	HJ668－2013	2013－10－25	2014－1－1
水质　总氮的测定　连续流动-盐酸 萘乙二胺分光光度法	HJ667－2013	2013－10－25	2014－1－1
水质　氨氮的测定　流动注射-水杨 酸分光光度法	HJ666－2013	2013－10－25	2014－1－1
水质　氨氮的测定　连续流动-水杨 酸分光光度法	HJ665－2013	2013－10－25	2014－1－1
水质　氰化物等的测定　真空检测 管-电子比色法	HJ659－2013	2013－9－18	2013－9－20
硝基苯类化合物的测定 液液萃取/固相萃取-气相色谱法	HJ648－2013 代替 GB 13194－91	2013－6－3	2013－9－1
水质　挥发性有机物的测定 吹扫捕集/气相色谱-质谱法	HJ639－2012	2012－12－3	2013－3－1
水质　石油类和动植物油类的测定 红外分光光度法	HJ637－2012	2012－2－29	2012－6－1
水质　总氮的测定　碱性过硫酸钾 消解紫外分光光度法	HJ636－2012	2012－2－29	2012－6－1
水质　总汞的测定 冷原子吸收分光光度法	HJ597－2011	2011－2－10	2011－6－1

标准名称	标准编号	发布时间	实施时间
水质　梯恩梯的测定　亚硫酸钠分光光度法	HJ598—2011	2011－2－10	2011－6－1
梯恩梯的测定　N-氯代十六烷基吡啶-亚硫酸钠分光光度法	HJ599—2011	2011－2－10	2011－6－1
水质　梯恩梯、黑索今、地恩梯的测定　气相色谱法	HJ600—2011	2011－2－10	2011－6－1
水质　甲醛的测定　乙酰丙酮分光光度法	HJ601—2011	2011－2－10	2011－6－1
水质　钡的测定　石墨炉原子吸收分光光度法	HJ602—2011	2011－2－10	2011－6－1
水质　钡的测定　火焰原子吸收分光光度法	HJ603—2011	2011－2－10	2011－6－1
水质　挥发性卤代烃的测定　顶空气相色谱法	HJ620—2011	2011－9－1	2011－11－1
水质　氯苯类化合物的测定　气相色谱法	HJ621—2011	2011－9－1	2011－11－1
水质　游离氯和总氯的测定　N,N-二乙基-1,4-苯二胺滴定法	HJ585—2010	2010－9－20	2010－12－1
游离氯和总氯的测定　N,N-二乙基-1,4-苯二胺分光光度法	HJ586—2010	2010－9－20	2010－12－1
水质　阿特拉津的测定　高效液相色谱法	HJ587—2010	2010－9－20	2010－12－1
水质　五氯酚的测定　气相色谱法	HJ591—2010	2010－10－21	2011－1－1
水质　硝基苯类化合物的测定　气相色谱法	HJ592—2010	2010－10－21	2011－1－1
水质　单质磷的测定　磷钼蓝分光光度法(暂行)	HJ593—2010	2010－10－21	2011－1－1
显影剂及其氧化物总量的测定　碘-淀粉分光光度法(暂行)	HJ594—2010	2010－10－21	2011－1－1
水彩色显影剂总量的测定　169成色剂分光光度法(暂行)	HJ595—2010	2010－10－21	2011－1－1
多环芳烃的测定　液液萃取和固相萃取高效液相色谱法	HJ478—2009	2009－9－27	2009－11－1
水质　氰化物的测定　容量法和分光光度法	HJ484—2009	2009－9－27	2009－11－1
水质　铜的测定　二乙基二硫代氨基甲酸钠分光光度法	HJ485—2009	2009－9－27	2009－11－1
水质　铜的测定　2,9-二甲基-1,10菲萝啉分光光度法	HJ486—2009	2009－9－27	2009－11－1

续表

标准名称	标准编号	发布时间	实施时间
水质 氟化物的测定 茜素磺酸锆目视比色法	HJ487—2009	2009—9—27	2009—11—1
水质 氟化物的测定 氟试剂分光光度法	HJ488—2009	2009—9—27	2009—11—1
水质 银的测定 3,5-Br2-PADAP 分光光度法	HJ489—2009	2009—9—27	2009—11—1
水质 银的测定 镉试剂 2B 分光光度法	HJ490—2009	2009—9—27	2009—11—1
水质样品的保存和管理技术规定	HJ493—2009	2009—9—27	2009—11—1
水质采样技术指导	HJ494—2009	2009—9—27	2009—11—1
水质采样方案设计技术指导	HJ495—2009	2009—9—27	2009—11—1
水质 总有机碳的测定 燃烧氧化-非分散红外吸收法	HJ501—2009	2009—10—20	2009—12—1
水质 挥发酚的测定 溴化容量法	HJ502—2009	2009—10—20	2009—12—1
水质 挥发酚的测定 4-氨基安替比林分光光度法	HJ503—2009	2009—10—20	2009—12—1
水质 五日生化需氧量（BOD5）的测定稀释与接种法	HJ505—2009	2009—10—20	2009—12—1
水质 溶解氧的测定 电化学探头法	HJ506—2009	2009—10—20	2009—12—1
水质 氨氮的测定 纳氏试剂分光光度法	HJ535—2009	2009—12—31	2010—4—1
水质 氨氮的测定 水杨酸分光光度法	HJ536—2009	2009—12—31	2010—4—1
水质 氨氮的测定 蒸馏-中和滴定法	HJ537—2009	2009—12—31	2010—4—1
水质 总钴的测定 5-氯-2-(吡啶偶氮)-1,3-二氨基苯分光光度法(暂行)	HJ550—2009	2009—12—30	2010—4—1
水质 二氧化氯的测定 碘量法(暂行)	HJ551—2009	2009—12—30	2010—4—1
地震灾区地表水环境质量与集中式饮用水水源监测技术指南(暂行)	环境保护部公告 2008 年第 14 号	2008—5—20	2008—5—20
近岸海域环境监测规范	HJ442—2008	2008—11—4	2009—1—1
水质 二恶英类的测定 同位素稀释高分辨气相色谱-高分辨质谱法	HJ77.1—2008	2008—12—31	2009—4—1
水质 汞的测定 冷原子荧光法(试行)	HJ/T341—2007	2007—3—10	2007—5—1
水质 硫酸盐的测定 铬酸钡分光光度法(试行)	HJ/T342—2007	2007—3—10	2007—5—1

标准名称	标准编号	发布时间	实施时间
水质　氯化物的测定 硝酸汞滴定法(试行)	HJ/T343—2007	2007—3—10	2007—5—1
水质　锰的测定 甲醛肟分光光度法(试行)	HJ/T344—2007	2007—3—10	2007—5—1
水质　铁的测定 邻菲啰啉分光光度法(试行)	HJ/T345—2007	2007—3—10	2007—5—1
水质　硝酸盐氮的测定 紫外分光光度法(试行)	HJ/T346—2007	2007—3—10	2007—5—1
水质　粪大肠菌群的测定 多管发酵法和滤膜法(试行)	HJ/T347—2007	2007—3—10	2007—5—1
水污染源在线监测系统安装技术规范(试行)	HJ/T353—2007	2007—7—12	2007—8—1
水污染源在线监测系统验收技术规范(试行)	HJ/T354—2007	2007—7—12	2007—8—1
水污染源在线监测系统运行与考核技术规范(试行)	HJ/T355—2007	2007—7—12	2007—8—1
水污染源在线监测系统数据有效性判别技术规范(试行)	HJ/T356—2007	2007—7—12	2007—8—1
水质自动采样器技术要求及检测方法	HJ/T372—2007	2007—11—12	2008—1—1
固定污染源监测质量保证与质量控制技术规范(试行)	HJ/T373—2007	2007—11—12	2008—1—1
水质　化学需氧量的测定 快速消解分光光度法	HJ/T399—2007	2007—12—7	2008—3—1
水质　氨氮的测定 气相分子吸收光谱法	HJ/T195—2005	2005—11—9	2006—1—1
水质　凯氏氮的测定 气相分子吸收光谱法	HJ/T196—2005	2005—11—9	2006—1—1
水质　亚硝酸盐氮的测定 气相分子吸收光谱法	HJ/T197—2005	2005—11—9	2006—1—1
水质　硝酸盐氮的测定 气相分子吸收光谱法	HJ/T198—2005	2005—11—9	2006—1—1
水质　总氮的测定 气相分子吸收光谱法	HJ/T199—2005	2005—11—9	2006—1—1
水质　硫化物的测定 气相分子吸收光谱法	HJ/T200—2005	2005—11—9	2006—1—1
地下水环境监测技术规范	HJ/T164—2004	2004—12—9	2004—12—9
高氯废水化学需氧量的测定 碘化钾碱性高锰酸钾法	HJ/T132—2003	2003—9—30	2004—1—1
水生化需氧量(BOD)的测定 微生物传感器快速测定法	HJ/T86—2002	2002—1—29	2002—7—1

续表

标准名称	标准编号	发布时间	实施时间
地表水和污水监测技术规范	HJ/T91—2002	2002—12—25	2003—1—1
水污染物排放总量监测技术规范	HJ/T92—2002	2002—12—25	2003—1—1
高氯废水化学需氧量的测定 氯气校正法	HJ/T70—2001	2001—9—11	2001—12—1
邻苯二甲酸二甲(二丁、二辛)酯的测定 液相色谱法	HJ/T72—2001	2001—9—29	2002—1—1
水质 丙烯腈的测定 气相色谱法	HJ/T73—2001	2001—9—29	2002—1—1
水质 氯苯的测定 气相色谱法	HJ/T74—2001	2001—9—29	2002—1—1
水质 可吸附有机卤素(AOX)的测定 离子色谱法	HJ/T83—2001	2001—12—19	2002—4—1
水质 无机阴离子的测定 离子色谱法	HJ/T84—2001	2001—12—19	2002—4—1
水质 铍的测定 铬箐R分光光度法	HJ/T58—2000	2000—12—7	2001—3—1
水质 铍的测定 石墨炉原子吸收分光光度法	HJ/T59—2000	2000—12 7	2001—3—1
水质 硫化物的测定 碘量法	HJ/T60—2000	2000—12—7	2001—3—1
水质 硼的测定 姜黄素分光光度法	HJ/T49—1999	1999—8—18	2000—1—1
水质 三氯乙醛的测定 吡唑啉酮分光光度法	HJ/T50—1999	1999—8—18	2000—1—1
水质 全盐量的测定 重量法	HJ/T51—1999	1999—8—18	2000—1—1
水质河流采样技术指导	HJ/T52—1999	1999—8—18	2000—1—1
水质挥发性卤代烃的测定 顶空气相色谱法	GB/T 17130—1997	1997—12—8	1998—5—1
1,2-二氯苯、1,4-二氯苯、1,2,4-三氯苯的测定 气相色谱法	GB/T 17131—1997	1997—12—8	1998—5—1
环境 甲基汞的测定 气相色谱法	GB/T 17132—1997	1997—12—8	1998—5—1
水质 硫化物的测定 直接显色分光光度法	GB/T 17133—1997	1997—12—8	1998—5—1
水质 石油类和动植物油的测定 红外光度法	GB/T 16488—1996	1996—8—1	1997—1—1
水质 硫化物的测定 亚甲基蓝分光光度法	GB/T 16489—1996	1996—8—1	1997—1—1
环境中有机污染物遗传毒性检测的样品前处理规范	GB/T 15440—1995	1995—3—25	1995—8—1
水质急性毒性的测定 发光细菌法	GB/T 15441—1995	1995—3—25	1995—8—1
水质 钒的测定 钽试剂(BPHA)萃取分光光度法	GB/T 15503—1995	1995—3—25	1995—8—1

标准名称	标准编号	发布时间	实施时间
水质 二氧化碳的测定 二乙胺乙酸铜分光光度法	GB/T 15504—1995	1995—3—25	1995—8—1
水质 硒的测定 石墨炉原子吸收分光光度法	GB/T 15505—1995	1995—3—25	1995—8—1
水质 阱的测定 对二甲氨基苯甲醛分光光度法	GB/T 15507—1995	1995—3—25	1995—8—1
水质 可吸附有机卤素(AOX)的测定 微库仑法	GB/T 15959—1995	1995—12—21	1996—8—1
水质 烷基汞的测定 气相色谱法	GB/T 14204—93	1993—2—23	1993—12—1
水质 一甲基肼的测定 对二甲氨基苯甲醛分光光度法	GB/T 14375—93	1993—5—22	1993—12—1
水质 偏二甲基肼的测定 氨基亚铁氰化钠分光光度法	GB/T 14376—93	1993—5—22	1993—12—1
水质 三乙胺的测定 溴酚蓝分光光度法	GB/T 14377—93	1993—5—22	1993—12—1
水质 二乙烯烷三胺的测定 水杨醛分光光度法	GB/T 14378—93	1993—5—22	1993—12—1
水和土壤质量有机磷农药的测定 气相色谱法	GB/T 14552—93	1993—7—19	1994—1—15
水质湖泊和水库采样技术指导	GB/T 14581—93	1993—8—30	1994—4—1
水质钡的测定 电位滴定法	GB/T 14671—93	1993—10—27	1994—5—1
水质 吡啶的测定 气相色谱法	GB/T 14672—93	1993—10—27	1994—5—1
水质 钒的测定 石墨炉原子吸收分光光度法	GB/T 14673—93	1993—10—27	1994—5—1
水质 铅的测定 示波极谱法	GB/T 13896—92	1992—12—2	1993—9—1
水质 硫氰酸盐的测定 异烟酸-吡唑啉酮分光光度法	GB/T 13897—92	1992—12—2	1993—9—1
水质 铁(Ⅱ、Ⅲ)氰络合物的测定 原子吸收分光光度法	GB/T 13898—92	1992—12—2	1993—9—1
水质 铁(Ⅱ、Ⅲ)氰络合物的测定 三氯化铁分光光度法	GB/T 13899—92	1992—12—2	1993—9—1
水质 黑索金的测定 分光光度法	GB/T 13900—92	1992—12—2	1993—9—1
水质 二硝基甲苯的测定 示波极谱法	GB/T 13901—92	1992—12—2	1993—9—1
水质 硝化甘油的测定 示波极谱法	GB/T 13902—92	1992—12—2	1993—9—1
水质微型生物群落监测 PFU法	GB/T 12990—91		1992—4—1
水质 有机磷农药的测定 气相色谱法	GB/T 13192—91	1991—8—31	1992—6—1

续表

标准名称	标准编号	发布时间	实施时间
水质 硝基苯、硝基甲苯、硝基氯苯、二硝基甲苯的测定 气相色谱法	GB/T 13194—91	1991－8－31	1992－6－1
水质 水温的测定 温度计或颠倒温度计测定法	GB/T 13195—91	1991－8－31	1992－6－1
水质 硫酸盐的测定 火焰原子吸收分光光度法	GB/T 13196—91	1991－8－31	1992－6－1
水质 阴离子洗涤剂的测定 电位滴定法	GB/T 13199—91	1991－8－31	1992－6－1
水质 浊度的测定	GB/T 13200—91	1991－8－31	1992－6－1
水质 物质对蚤类(大型蚤)急性毒性测定方法	GB/T 13266—91	1991－9－14	1992－8－1
水质 物质对淡水鱼(斑马鱼)急性毒性测定方法	GB/T 13267—91	1991－9－14	1992－8－1
苯胺类化合物的测定 N-(1-萘基)乙二胺偶氮分光光度法	GB/T 11889—89	1989－12－25	1990－7－1
水质 苯系物的测定 气相色谱法	GB/T 11890—89	1989－12－25	1990－7－1
水质 凯氏氮的测定	GB/T 11891—89	1989－12－25	1990－7－1
水质 高锰酸盐指数的测定	GB/T 11892—89	1989－12－25	1990－7－1
水质 总磷的测定 钼酸铵分光光度法	GB/T 11893—89	1989－12－25	1990－7－1
水质 总氮的测定 碱性过硫酸钾消解紫外分光光度法	GB/T 11894—89	1989－12－25	1990－7－1
水质 苯并(a)芘的测定 乙酰化滤纸层析荧光分光光度法	GB/T 11895—89	1989－12－25	1990－7－1
水质 氯化物的测定 硝酸银滴定法	GB/T 11896—89	1989－12－25	1990－7－1
水质 硫酸盐的测定 重量法	GB/T 11899—89	1989－12－25	1990－7－1
水质 痕量砷的测定 硼氢化钾-硝酸银分光光度法	GB/T 11900—89	1989－12－25	1990－7－1
水质 悬浮物的测定 重量法	GB/T 11901—89	1989－12－25	1990－7－1
水质 硒的测定 2,3-二氨基萘荧光法	GB/T 11902—89	1989－12－25	1990－7－1
水质 色度的测定	GB/T 11903—89	1989－12－25	1990－7－1
水质 钾和钠的测定 火焰原子吸收分光光度法	GB/T 11904—89	1989－12－25	1990－7－1
水质 钙和镁的测定 原子吸收分光光度法	GB/T 11905—89	1989－12－25	1990－7－1
水质 锰的测定 高碘酸钾分光光度法	GB/T 11906—89	1989－12－25	1990－7－1

标准名称	标准编号	发布时间	实施时间
水质　银的测定 火焰原子吸收分光光度法	GB/T 11907—89	1989—12—25	1990—7—1
水质　镍的测定 丁二酮肟分光光度法	GB/T 11910—89	1989—12—25	1990—7—1
水质　铁、锰的测定 火焰原子吸收分光光度法	GB/T 11911—89	1989—12—25	1990—7—1
水质　镍的测定火焰 原子吸收分光光度法	GB/T 11912—89	1989—12—25	1990—7—1
水质　化学需氧量的测定 重铬酸盐法	GB/T 11914—89	1989—12—25	1990—7—1
水质　五氯酚的测定 藏红 T 分光光度法	GB/T 9803—88	1988—8—15	1988—12—1
水质　总铬的测定	GB/T 7466—87	1987—3—14	1987—8—1
水质　六价铬的测定 二苯碳酰二肼分光光度法	GB/T 7467—87	1987—3—14	1987—8—1
总汞的测定　高锰酸钾-过硫酸钾消 解法　双硫腙分光光度法	GB/T 7469—87	1987—3—14	1987—8—1
水质　铅的测定 双硫腙分光光度法	GB/T 7470—87	1987—3—14	1987—8—1
水质　镉的测定 双硫腙分光光度法	GB/T 7471—87	1987—3—14	1987—8—1
水质　锌的测定　双硫腙分光光度法	GB/T 7472—87	1987—3—14	1987—8—1
水质　铜、锌、铅、镉的测定原子吸收 分光光度法	GB/T 7475—87	1987—3—14	1987—8—1
水质　钙的测定　EDTA 滴定法	GB/T 7476—87	1987—3—14	1987—8—1
水质　钙和镁总量的测定 EDTA 滴定法	GB/T 7477—87	1987—3—14	1987—8—1
水质　铵的测定　蒸馏和滴定法	GB/T 7478—87	1987—3—14	1987—8—1
水质　铵的测定　纳氏试剂比色法	GB/T 7479—87	1987—3—14	1987—8—1
水质　硝酸盐氮的测定 酚二磺酸分光光度法	GB/T 7480—87	1987—3—14	1987—8—1
水质　铵的测定 水杨酸分光光度法	GB/T 7481—87	1987—3—14	1987—8—1
水质　氟化物的测定 离子选择电极法	GB/T 7484—87	1987—3—14	1987—8—1
水质　总砷的测定　二乙基二硫代 氨基甲酸银分光光度法	GB/T 7485—87	1987—3—14	1987—8—1
水质　溶解氧的测定　碘量法	GB/T 7489—87	1987—3—14	1987—8—1
水质 六六六、滴滴涕的测定气相色谱法	GB/T 7492—87	1987—3—14	1987—8—1

续表

标准名称	标准编号	发布时间	实施时间
水质 亚硝酸盐氮的测定 分光光度法	GB/T 7493—87	1987－3－14	1987－8－1
水质 阴离子表面活性剂的测定 亚甲蓝分光光度法	GB/T 7494—87	1987－3－14	1987－8－1
水质 pH值的测定 玻璃电极法	GB/T 6920—86	1986－10－10	1987－3－1
工业废水 总硝基化合物的测定 分光光度法	GB/T 4918—85	1985－1－18	1985－8－1

四、相关标准

标准名称	标准编号	发布时间	实施时间
染料工业废水治理工程技术规范	HJ2036—2013	2013－9－26	2013－12－1
六价铬水质自动在线监测仪技术要求	HJ609—2011	2011－2－11	2011－6－1
水质 词汇 第一部分	HJ596.1—2010	2010－11－5	2011－3－1
水质 词汇 第二部分	HJ596.2—2010	2010－11－5	2011－3－1
水质 词汇 第三部分	HJ596.3—2010	2010－11－5	2011－3－1
水质 词汇 第四部分	HJ596.4—2010	2010－11－5	2011－3－1
水质 词汇 第五部分	HJ596.5—2010	2010－11－5	2011－3－1
水质 词汇 第六部分	HJ596.6—2010	2010－11－5	2011－3－1
水质 词汇 第七部分	HJ596.7—2010	2010－11－5	2011－3－1
地震灾区饮用水安全保障应急技术方案(暂行)	环境保护部公告 2008年第14号	2008－5－20	2008－5－20
地震灾区集中式饮用水水源保护技术指南(暂行)	环境保护部公告 2008年第14号	2008－5－20	2008－5－20
饮用水水源保护区标志技术要求	HJ/T433—2008	2008－4－29	2008－6－1
饮用水水源保护区划分技术规范	HJ/T338—2007	2007－1－9	2007－2－1
紫外(UV)吸收水质自动在线监测仪技术要求	HJ/T191—2005	2005－9－20	2005－11－1
pH水质自动分析仪技术要求	HJ/T96—2003	2003－3－28	2003－7－1
电导率水质自动分析仪技术要求	HJ/T97—2003	2003－3－28	2003－7－1
浊度水质自动分析仪技术要求	HJ/T98—2003	2003－3－28	2003－7－1
溶解氧(DO)水质自动分析仪技术要求	HJ/T99—2003	2003－3－28	2003－7－1
高锰酸盐指数水质自动分析仪技术要求	HJ/T100—2003	2003－3－28	2003－7－1
氨氮水质自动分析仪技术要求	HJ/T101—2003	2003－3－28	2003－7－1
总氮水质自动分析仪技术要求	HJ/T102—2003	2003－3－28	2003－7－1
总磷水质自动分析仪技术要求	HJ/T103—2003	2003－3－28	2003－7－1
总有机碳(TOC)水质自动分析仪技术要求	HJ/T104—2003	2003－3－28	2003－7－1
近岸海域环境功能区划分技术规范	HJ/T82—2001	2001－12－25	2002－4－1
制订地方水污染物排放标准的技术原则与方法	GB 3839—83	1983－9－14	1984－4－1

五、已被替代标准

标准名称	标准编号
合成氨工业水污染物排放标准	GB 13458—2001
柠檬酸工业污染物排放标准	GB 19430—2004
海水水质标准	GB 3097—82
造纸工业水污染物排放标准	GB 3544—83
医院污水综合排放标准	GBJ 48—83
梯恩梯工业水污染物排放标准	GB 4274—84
黑索金工业水污染物排放标准	GB 4275—84
火炸药工业硫酸浓缩污染物排放标准	GB 4276—84
工业废水总硝基化合物的测定气相色谱法	GB/T 4919—85
雷汞工业水污染物排放标准	GB 4277—84
二硝基重氮酚工业水污染物排放标准	GB 4278—84
叠氮化铅、三硝基间苯二酚铅、D.S共晶工业水污染物排放标准	GB 4279—84
纺织染整工业水污染物排放标准	GB 4287—84
水质词汇第一部分和第二部分	GB 6816—86
水质总汞的测定冷原子吸收分光光度法	GB 7468—87
水质铜的测定　2,9-二甲基-1,10-菲罗啉分光光度法	GB 7473—87
水质铜的测定　二乙基二硫代氨基甲酸钠分光光度法	GB 7474—87
水质铵的测定　蒸馏和滴定法	GB 7478—87
水质铵的测定　纳氏试剂比色法	GB 7479—87
水质铵的测定　水杨酸分光光度法	GB 7481—87
水质氟化物的测定　茜素磺酸锆目视比色法	GB 7482—87
水质氟化物的测定　氟试剂分光光度法	GB 7483—87
水质氰化物的测定　第一部分总氰化物的测定	GB 7486—87
水质氰化物的测定　第二部分氰化物的测定	GB 7487—87
水质五日生化需氧量（BOD$_5$）的测定　稀释与接种法	GB 7488—87
水质挥发酚的测定　蒸馏后4-氨基安替比林分光光度法	GB 7490—87
水质挥发酚的测定　蒸馏后溴化容量法	GB 7491—87
水质五氯酚的测定　气相色谱法	GB/T 8972—88
水质游离氯和总氯的测定　N,N-二乙基-1,4-苯二胺滴定法	GB/T 11897—89
水质游离氯和总氯的测定　N,N-二乙基-1,4-苯二胺分光光度法	GB/T 11898—89
水质银的测定　镉试剂2B分光光度法	GB 11908—89
水质银的测定　3,5-Br2-PADAP分光光度法	GB 11909—89
水质溶解氧的测定　电化学探头法	GB 11913—89
水质词汇第三部分～第七部分	GB/T 11915—89

续表

标准名称	标准编号
水质采样方案设计规定	GB 12997—91
水质采样技术指导	GB 12998—91
水质采样样品的保存和管理技术规定	GB 12999—91
水质总有机碳(TOC)的测定　非色散红外线吸收法	GB 13193—91
水质甲醛的测定　乙酰丙酮分光光度法	GB 13197—91
水质六种特定多环芳烃的测定　高效液相色谱法	GB 13198—91
水质梯恩梯的测定　分光光度法	GB/T 13903—92
水质梯恩梯、黑索金、地恩梯的测定　气相色谱法	GB/T 13904—92
水质梯恩梯的测定　亚硫酸钠分光光度法	GB/T 13905—92
水质钡的测定　原子吸收分光光度法	GB/T 15506—1995
磷肥工业水污染物排放标准	GB 15580—1995
水质总有机碳的测定　燃烧氧化-非分散红外吸收法	HJ/T71—2001
水质石油类和动植物油的测定　红外光度法	GB/T 16488—1996

附录 3 集中式生活饮用水地表水源地特定项目标准限值

(GB 3838—2002,代替 G 83838—88,GHZB 1—1999)

单位:mg/L

序号	项目	标准值	序号	项目	标准值
1	三氯甲烷	0.06	41	丙烯酰胺	0.0005
2	四氯化碳	0.002	42	丙烯腈	0.1
3	三溴甲烷	0.1	43	邻苯二甲酸二丁酯	0.003
4	二氯甲烷	0.02	44	邻苯二甲酸二(2-乙基己基)酯	0.008
5	1,2-二氯乙烷	0.03	45	水合肼	0.01
6	环氧氯丙烷	0.02	46	四乙基铅	0.0001
7	氯乙烯	0.005	47	吡啶	0.2
8	1,1-二氯乙烯	0.03	48	松节油	0.2
9	1,2-二氯乙烯	0.05	49	苦味酸	0.5
10	三氯乙烯	0.07	50	丁基黄原酸	0.005
11	四氯乙烯	0.04	51	活性氯	0.01
12	氯丁二烯	0.002	52	滴滴涕	0.001
13	六氯丁二烯	0.0006	53	林丹	0.002
14	苯乙烯	0.02	54	环氧七氯	0.0002
15	甲醛	0.9	55	对流磷	0.003
16	乙醛	0.05	56	甲基对流磷	0.002
17	丙烯醛	0.1	57	马拉硫磷	0.05
18	三氯乙醛	0.01	58	乐果	0.08
19	苯	0.01	59	敌敌畏	0.05
20	甲苯	0.7	60	敌百虫	0.05
21	乙苯	0.3	61	内吸磷	0.03
22	二甲苯①	0.5	62	百菌清	0.01
23	异丙苯	0.25	63	甲萘威	0.05
24	氯苯	0.3	64	溴清菊酯	0.02
25	1,2-二氯苯	1.0	65	阿特拉津	0.003
26	1,4-二氯苯	0.3	66	苯并(a)芘	2.8×10^{-6}
27	三氯苯②	0.02	67	甲基汞	1.0×10^{-6}
28	四氯苯③	0.02	68	多氯联苯⑥	2.0×10^{-5}
29	六氯苯	0.05	69	微囊藻毒素－LR	0.001
30	硝基苯	0.017	70	黄磷	0.003
31	二硝基苯④	0.5	71	钼	0.07
32	2,4-二硝基甲苯	0.0003	72	钴	1.0

续表

序号	项目	标准值	序号	项目	标准值
33	2,4,6-三硝基甲苯	0.5	73	铍	0.002
34	硝基氯苯⑤	0.05	74	硼	0.5
35	2,4-二硝基氯苯	0.5	75	锑	0.005
36	2,4-二氯苯酚	0.093	76	镍	0.02
37	2,4,6-三氯苯酚	0.2	77	钡	0.7
38	五氯酚	0.009	78	钒	0.05
39	苯胺	0.1	79	钛	0.1
40	联苯胺	0.0002	80	铊	0.0001

注:①二甲苯:指对-二甲苯、间-二甲苯、邻-二甲苯。

②三氯苯:指 1,2,3-三氯苯、1,2,4-三氯苯、1,3,5-三氯苯。

③四氯苯:指 1,2,3,4-四氯苯、1,2,3,5-四氯苯、1,2,4,5-四氯苯。

④二硝基苯:指对-二硝基苯、间-硝基氯苯、邻-硝基氯苯。

⑤多氯联苯:指 PCB—1016、PCB—1221、PCB—1232、PCB—1242、PCB—1248、PCB—1254、PCB—1260。

附录 4 地表水环境质量标准基本项目分析方法

(GB3838—2002,代替 G83838—88,GHZBl—1999)

序号	项目	分析方法	最低检出线(mg/L)	方法来源
1	水温	温度计法		GB 13195—91
2	pH 值	玻璃电极法		GB 6920—86
3	溶解氧	碘量法	0.2	GB 7489—87
		电化学探头法		GB 11913—89
4	高锰酸盐指数		0.5	GB 11892—89
5	化学需氧量	重铬酸盐法	10	GB 11914—89
6	五日生化需氧量	稀释与接种法	2	GB 7488—87
7	氨氮	纳氏试剂比色法	0.05	GB 7479—87
		水杨酸分光光度法	0.01	GB 7481—87
8	总磷	钼酸铵分光光度法	0.01	GB 11893—89
9	总氮	碱性过硫酸钾消解紫外分光光度法	0.05	GB 11894—89
10	铜	2,9-二甲基-1,10-菲啰啉分光光度法	0.06	GB 7473—87
		二乙基二硫代安基甲酸钠分光光度法	0.010	GB 7474—87
		原子吸收分光光度法(螯合萃取法)	0.001	GB 7475—87
11	锌	原子吸收分光光度法	0.05	GB 7475—87
12	氟化物	氟试剂分光光度法	0.05	GB 7483—87
		离子选择电极法	0.05	GB 7484—87
		离子色谱法	0.02	HJ/T84—2001
13	硒	2,3-二氮基萘荧光法	0.00025	GB 11902—89
		石墨炉原子吸收分光光度法	0.003	GB/T 15505—1995
14	砷	二乙基二硫代氨基甲酸银分光光度法	0.007	GB 7485—87
		冷原子荧光法	0.00006	①
15	汞	冷原子吸收分光光度法	0.00005	GB 7486—87
		冷原子荧光法	0.00005	①

续表

序号	项目	分析方法	最低检出线（mg/L）	方法来源
16	镉	原子吸收分光光度法（螯合萃取法）	0.001	GB 7475—87
17	铬（六价）	二苯碳酰二肼分光光度法	0.004	GB 7467—87
18	铅	原子吸收分光光度法（螯合萃取法）	0.01	GB 7475—87
19	氰化物	异烟酸-吡唑啉酮比色法	0.004	GB 7487—87
		吡啶—巴比妥酸比色法	0.002	
20	挥发酚	蒸馏后 4-氨基安替比林分光光度法	0.002	GB 7490—87
21	石油类	红外分光光度法	0.01	GB/T 16488—1996
22	阴离子表面活性剂	亚甲蓝分光光度法	0.05	GB 7494—87
23	硫化物	亚甲基蓝分光光度法	0.005	GB/T 16489—1996
		直接显色分光光度法	0.004	GB/T 17133—1997
24	粪大肠菌群	多管发酵法、滤膜法		①

注：暂采用下列分析方法，待国家方法标准公布后，执行国家标准。

①《水和废水监测分析方法》（第 3 版），中国环境科学出版社，1989 年。

附录5 集中式生活饮用水地表水源地特定项目分析方法

(GB3838－2002,代替 G83838—88,GHZBl—1999)

序号	项目	分析方法	最低检出线 (mg/L)	方法来源
1	三氯甲烷	顶空气相色谱法	0.0003	GB/T 17130—1997
		气相色谱法	0.0006	②
2	四氯化碳	顶空气相色谱法	0.00005	GB/T 17130—1997
		气相色谱法	0.0003	②
3	三溴甲烷	顶空气相色谱法	0.001	GB/T 17130—1997
		气相色谱法	0.006	②
4	二氯甲烷	顶空气相色谱法	0.0087	②
5	1,2-二氯乙烷	顶空气相色谱法	0.0125	②
6	环氧氯丙烷	气相色谱法	0.02	②
7	氯乙烯	气相色谱法	0.001	②
8	1,1-二氯乙烯	吹出捕集气相色谱法	0.000018	②
9	1,2-二氯乙烯	吹出捕集气相色谱法	0.000012	②
10	三氯乙烯	顶空气相色谱法	0.0005	GB/T 17130—1997
		气相色谱法	0.003	②
11	四氯乙烯	顶空气相色谱法	0.0002	GB/T 17130—1997
		气相色谱法	0.0012	②
12	氯丁二烯	顶空气相色谱法	0.002	②
13	六氯丁二烯	气相色谱法	0.00002	②
14	苯乙烯	气相色谱法	0.01	②
15	甲醛	乙酰丙酮分光光度法	0.05	GB/T 17130—1997
		4-氨基-3-联氨-5-巯基-1,2,4-三氮杂茂(AHMT)分光光度法	0.05	②
16	乙醛	气相色谱法	0.24	②
17	丙烯醛	气相色谱法	0.019	②
18	三氯乙醛	气相色谱法	0.001	②
19	苯	液上气相色谱法	0.005	GB 11890—89
		顶空气相色谱法	0.00042	②
20	甲苯	液上气相色谱法	0.005	GB 11890—89
		二硫化碳萃取气相色谱法	0.05	
		气相色谱法	0.01	②

续表

序号	项目	分析方法	最低检出线(mg/L)	方法来源
21	乙苯	液上气相色谱法	0.005	GB 11890—89
		二硫化碳萃取气相色谱法	0.05	
		气相色谱法	0.01	②
22	二甲苯	液上气相色谱法	0.005	GB 11890—89
		二硫化碳萃取气相色谱法	0.05	
		气相色谱法	0.01	②
23	异丙苯	顶空气相色谱法	0.0032	②
24	氯苯	气相色谱法	0.01	HJ/T74—2001
25	1,2-二氯苯	气相色谱法	0.002	GB/T 17131—1997
26	1,4-二氯苯	气相色谱法	0.005	GB/T 17131—1997
27	三氯苯	气相色谱法	0.00004	②
28	四氯苯	气相色谱法	0.00002	②
29	六氯苯	气相色谱法	0.00002	②
30	硝基苯	气相色谱法	0.0002	GB 13194—91
31	二硝基苯	气相色谱法	0.2	②
32	2,4-二硝基甲苯	气相色谱法	0.0003	GB 13194—91
33	2,4,6-三硝基甲苯	气相色谱法	0.1	②
34	硝基氯苯	气相色谱法	0.0002	GB 13194—91
35	2,4-二硝基氯苯	气相色谱法	0.1	②
36	2,4-二氯苯酚	电子捕获-毛细色谱法	0.0004	②
37	2,4,6-三氯苯酚	电子捕获-毛细色谱法	0.00004	②
38	五氯酚	气相色谱法	0.00004	GB 8972—88
		电子捕获—毛细色谱法	0.000024	②
39	苯胺	气相色谱法	0.002	②
40	联苯胺	气相色谱法	0.0002	③
41	丙烯酰胺	气相色谱法	0.00015	②
42	丙烯腈	气相色谱法	0.10	②
43	邻苯二甲酸二丁酯	液相色谱法	0.0001	HJ/T72—2001
44	邻苯二甲酸二(2-乙基己基)酯	气相色谱法	0.0004	②
45	水合肼	对二甲氨基苯甲醛直接分光光度法	0.005	②
46	四乙基铅	双硫腙比色法	0.0001	②
47	吡啶	气相色谱法	0.031	GB/T 14672—93
		巴比土酸分光光度法	0.05	
48	松节油	气相色谱法	0.02	②
49	苦味酸	气相色谱法	0.001	②
50	丁基黄原酸	铜试剂亚铜光度法	0.002	②

续表

序号	项目	分析方法	最低检出线 （mg/L）	方法来源
51	活性氯	N,N-二乙基对苯二胺 （PDP）分光光度	0.01	②
		3,3′,5,5′-四甲基联苯胺比色法	0.005	②
52	滴滴涕	气相色谱法	0.0002	GB 7492—87
53	林丹	气相色谱法	4 * 10⁻⁶	GB 7492—87
54	环氧七氯	液液萃取气相色谱法	0.000083	②
55	对流磷	气相色谱法	0.00054	GB 13192—91
56	甲基对流磷	气相色谱法	0.00042	GB 13192—91
57	马拉硫磷	气相色谱法	0.00064	GB 13192—91
58	乐果	气相色谱法	0.00057	GB 13192—91
59	敌敌畏	气相色谱法	0.00006	GB 13192—91
60	敌百虫	气相色谱法	0.000051	GB 13192—91
61	内吸磷	气相色谱法	0.0025	②
62	百菌清	气相色谱法	0.0004	②
63	甲萘威	高效液相色谱法	0.01	②
64	溴清菊酯	气相色谱法	0.0002	②
		高效液相色谱法	0.002	②
65	阿特拉津	气相色谱法		③
66	苯并(a)芘	乙酰化滤指层析荧光分光光度法	4 * 10⁻⁶	GB 11895—89
		高效液相色谱法	1 * 10⁻⁶	GB 13198—91
67	甲基汞	气相色谱法	1 * 10⁻⁸	GB/T 17132—1997
68	多氯联苯	气相色谱法		③
69	微囊藻毒素-LR	高效液相色谱法	0.00001	②
70	黄磷	钼-锑-抗分光光度法	0.0025	②
71	钼	无火焰原子吸收分光光度法	0.00231	②
72	钴	无火焰原子吸收分光光度法	0.00191	②
73	铍	铬菁 R 分光光度法	0.0002	HJ/T58—2000
		石墨炉原子吸收分光光度法	0.00002	HJ/T59—2000
		桑色素荧光分光光度法	0.0002	②
74	硼	姜黄素分光光度法	0.02	HJ/T49—1999
		甲亚胺-H 分光光度法	0.2	②
75	锑	氢化原子吸收分光光度法	0.00025	②
76	镍	无火焰原子吸收分光光度法	0.00248	②
77	钡	无火焰原子吸收分光光度法	0.00618	②
78	钒	钽试剂（BPHA）萃取分光光度法	0.018	GB/T 15503—1995
		无火焰原子吸收分光光度法	0.00698	②

续表

序号	项目	分析方法	最低检出线 (mg/L)	方法来源
79	钛	催化示波极谱法	0.0004	②
		水杨基荧光酮分光光度法	0.02	②
80	铊	无火焰原子吸收分光光度法	$1 * 10^{-6}$	②

注:暂采用下列分析方法,待国家方法发布后,执行国家标准。

　①《水和废水监测分析方法》(第3版),中国环境科学出版社,1989年。

　②《生活饮用水卫生规范》,中华人民共和国卫生部,2001年。

　③《水和废水标准检验法(第15版)》,中国建筑工业出版社,1985年。

附录6 集中式生活饮用水地表水源地补充项目分析方法

(GB 3838—2002,代替 G8 3838—88,GHZBl—1999)

序号	项目	分析方法	最低检出线(mg/L)	方法来源
1	硫酸盐	重量法	10	GB 11899—89
		火焰原子吸收分光光度法	0.4	GB 13196—91
		铬酸钡光度法	8	①
		离子色谱法	0.09	HJ/T84—2001
2	氯化物	硝酸银滴定法	10	GB 11896—89
		硝酸汞滴定法	2.5	①
		离子色谱法	0.02	HJ/T84—2001
3	硝酸盐	酚二磺酸分光光度法	0.02	GB 7480—87
		紫外分光光度法	0.08	①
		离子色谱法	0.08	HJ/T84—2001
4	铁	火焰原子吸收分光光度法	0.03	GB 11911—89
		邻菲啰啉分光光度法	0.03	①
5	锰	高碘酸甲分光光度法	0.02	GB 11906—89
		火焰原子吸收分光光度法	0.01	GB 11911—89
		甲醛肟光度法	0.01	①

注:暂采用下列分析方法,待国家方法标准发布后,执行国家标准。

①《水和废水监测分析方法》(第三版),中国环境科学出版社,1989 年。

附录 7　地下水质量标准

(GB/T 14848—93)

序号	类别标准值项目	I 类	II 类	III 类	IV 类	V 类
1	色(度)	≤5	≤5	≤15	≤25	>25
2	嗅和味	无	无	无	无	有
3	浑浊度(度)	≤3	≤3	≤3	≤10	>10
4	肉眼可见物	无	无	无	无	有
5	pH	6.5～8.5			5.5～6.5, 8.5～9	<5.5, >9
6	总硬度(以 $CaCO_3$ 计) (mg/L)	≤150	≤300	≤450	≤550	>550
7	溶解性总固体(mg/L)	≤300	≤500	≤1000	≤2000	>2000
8	硫酸盐(mg/L)	≤50	≤150	≤250	≤350	>350
9	氯化物(mg/L)	≤50	≤150	≤250	≤350	>350
10	铁(Fe)(mg/L)	≤0.1	≤0.2	≤0.3	≤1.5	>1.5
11	锰(Mn)(mg/L)	≤0.05	≤0.05	≤0.1	≤1.0	>1.0
12	铜(Cu)(mg/L)	≤0.01	≤0.05	≤1.0	≤1.5	>1.5
13	锌(Zn)(mg/L)	≤0.05	≤0.5	≤1.0	≤5.0	>5.0
14	铝(Mo)(mg/L)	≤0.001	≤0.01	≤0.1	≤0.5	>0.5
15	钴(Co)(mg/L)	≤0.005	≤0.05	≤0.05	≤1.0	>1.0
16	挥发性酚类(以苯酚)(mg/L)	0.001	0.001	0.002	≤0.01	0.01
17	阴离子合成洗涤剂(mg/L)	不得检出	≤0.1	≤0.3	≤0.3	>0.3
18	高锰酸盐指数(mg/L)	≤1.0	≤2.0	≤3.0	≤10	>10
19	硝酸盐(以 N 计)(mg/L)	≤2.0	≤5.0	≤20	≤30	>30
20	亚硝酸盐(以 N 计)(mg/L)	≤0.001	≤0.01	≤0.02	≤0.1	0.1
21	氨氮(NH4)(mg/L)	≤0.02	≤0.02	≤0.2	≤0.5	>0.5
22	氟化物(mg/L)	≤1.0	≤1.0	≤1.0	≤2.0	>2.0
23	碘化物(mg/L)	≤0.1	≤0.1	≤0.2	≤1.0	>1.0
24	氰化物(mg/L)	≤0.001	≤0.01	≤0.05	≤0.1	>0.1
25	汞(Hg)(mg/L)	≤0.00005	≤0.0005	≤0.001	≤0.001	>0.001
26	砷(As)(mg/L)	≤0.005	≤0.01	≤0.05	≤0.05	>0.05
27	硒(Se)(mg/L)	≤0.01	≤0.01	≤0.01	≤0.1	>0.1
28	镉(Cd)(mg/L)	≤0.0001	≤0.001	≤0.01	≤0.01	>0.01
29	铬(六价)(Cr^{6+})(mg/L)	≤0.005	≤0.01	≤0.05	≤0.1	>0.1
30	铅(Pb)(mg/L)	≤0.005	≤0.01	≤0.05	≤0.1	>0.1
31	铍(Be)(mg/L)	≤0.00002	≤0.0001	≤0.0002	≤0.001	>0.001
32	钡(Ba)(mg/L)	≤0.01	≤0.1	≤1.0	≤4.0	>4.0

序号	类别标准值项目	I 类	II 类	III 类	IV 类	V 类
33	镍(Ni)(mg/L)	≤0.005	≤0.05	≤0.05	≤0.1	>0.1
34	滴滴涕(μg/L)	不得检	≤0.005	≤1.0	≤1.0	>1.0
35	六六六(μg/L)	≤0.005	≤0.05	≤5.0	≤5.0	>5.0
36	总大肠菌群(个/L)	≤3.0	≤3.0	≤3.0	≤100	>100
37	细菌总数(个/rnL)	≤100	≤100	≤100	≤1000	>1000
38	总放射牲(Bq/L)	≤0.1	≤0.1	≤0.1	>0.1	>0.1
39	总放射牲(Bq/L)	≤0.1	≤1.0	≤1.0	>1.0	>1.0

习题参考答案

习题——监测方案的制订

一、填空题

1. 水系源头处;未受污染的上游河段。

2. 网格。

3. 水面下 0.5;河底上 0.5;下 0.5。

4. 正下方;河床冲刷;表层沉积物易受扰动。

5. 溶解氧;生化需氧量;有机污染物。

6. 生产周期;2;3。

7. 污染源;扩散形式。

8. 网格。

9. 0.5~1.0;盖(或保护帽);防渗。

10. 枯水期;每月。

二、判断题

1. 错误。正确答案:为评价某一完整水系的污染程度,未受人类生活和生产活动影响、能够提供水环境背景值的断面,称为背景断面。

2. 错误。正确答案:控制断面用来反映某排污区(口)排污的污水对水质的影响,应设置在污区(口)的下游、污水与河水基本混匀处。所控制的纳污量不应小于该河段总纳污量的 80%。

3. 正确。

4. 错误。正确答案:污水的采样位置应在采样断面的中心,水深小于或等于 1m 时,在水深的 1/2 处采样。

5. 正确。

6. 正确。

7. 正确。

8. 错误。正确答案:地下水监测点网不宜随时变动。

9. 正确。

10. 错误。正确答案:为了了解地下水体未受人为影响条件下的水质状况,需在研究区域的非污染地段设置地下水背景值监测井(对照井)。

11. 错误。正确答案:水位复原时间超过 15min 时,应进行洗井。

12. 正确。

13. 正确。

14. 正确。

15. 错误。正确答案:采样点位设置应根据排污单位的生产状况及排水管网设置情况,由地方环境保护行政主管部门所属环境监测站会同排污单位及其主管部门环保机构共同确定,并报同级环境保护行政主管部门确认。

16. 错误。正确答案:企事业单位污水采样点处必须设置明显标志,如因生产工艺或其他原因需要变更时,应按有关规范的要求重新确认。

17. 正确。

三、选择题

1. B　2. A　3. C　4. C　5. B　6. A　7. A　8. A　9. B　10. C　11. C　12. A　13. A　14. A

四、问答题

1. 答案:(1)监测断面必须有代表性,其点位和数量应能反映水体环境质量、污染物时空分布及变化规律,力求以较少的断面取得最好的代表性。(2)监测断面应避免死水、回水区和排污口处,应尽量选择河(湖)床稳定、河段顺直、湖面宽阔、水流平稳之处。(3)监测断面布设应考虑交通状况、经济条件、实施安全、水文资料是否容易获取,确保实际采样的可行性和方便性。

2. 答案:确定采样垂线和采样点位、监测项目和样品数量,采样质量保证措施,采样时间和路线、采样人员和分工、采样器材和交通工具以及需要进行的现场测定项目和安全保证等。

3. 答案:(1)以地下水为主要供水水源的地区;(2)饮水型地方病(如高氟病)高发地区;(3)对区域地下水构成影响较大的地区,如污水灌溉区、垃圾堆积处理场地区、地下水回灌满区及大型矿山排水地区等。

4. 答案:(1)依据不同的水文地质条件和地下水监测井使用功能,结合当地污染源、污染物排放实际情况,力求以最低的采样频次,取得最有时间代表性的样品,达到全面反映区域地下水质状况、污染原因和规律的目的。(2)为反映地表水与地下水的联系,地下水采样频次与时间尽可能与地表水相一致。

5. 答案:(1)湖泊水体的水动力条件;(2)湖库面积、湖盆形态;(3)补给条件、出水及取水;(4)排污设施的位置和规模;(5)污染物在水体中的循环及迁移转化;(6)湖泊和水库的区别。

6. 答案:(1)用水地点;(2)污染流入河流后,应在充分混合的地点以及注入前的地点采样;(3)支流合流后,在充分混合的地点及混合前的主流与支流地点采样;(4)主流分流后;(5)根据其他需要设定采样地点。

7. 答案:在降水前,必须盖好采样器,只在降水真实出现之后才打开采样器。每次降水取全过程水样(从降水开始到结束)。采集样品时,应避开污染源,四周应无遮挡雨、雪的高大树木或建筑物。

习题——水样的采集、运输和保存

一、填空题

1. 五日生化需氧量;有机物;细菌类。

2. 样品类别;监测井;样品。

3. 等混合水样(或时间比例混合水样);小于 20。

4. 时间;流量。

5. 污水流量测试;自动监测。

6. 点位名称;主要污染因子

7.干扰物质;均匀;代表。

8.玻璃;聚乙烯塑料。

9.排气;水和沉积物。

10.浮标;六分仪。

11.生物;化学;物理。

12.容器不能引起新的沾污;容器不得与待测组分发生反应。

13.水温;pH;电导率;浊度;溶解氧。

14.酸;碱;生物抑制剂。

15.金属;有机物质。

16.水样标签。

17.于2~5℃冷藏;避光。

18.单点;整个流域。

19.低;严密。

20.避免外界物质污染。

21.流向;流速;流量。

22.流量比例。

23.同一;已知比例。

24.不同采样点;瞬时水样。

25.抓斗;采泥器。

26.广口;塑料;玻璃。

27.能够经受高温灭菌;密封。

二、判断题

1.正确。

2.错误。正确答案:这样的一组样品称为深度样品组。

3.正确。

4.错误。正确答案:采集湖泊和水库的水样时,采样点位布设的选择,应在较大范围内进行详尽的预调查,在获得足够信息的基础上,应用统计技术合理地确定。

5.正确。

6.错误。正确答案:此种情况要把采样点深度间的距离尽可能缩短。

7.错误。正确答案:现场测定记录中要记录所有样品的处理及保存步骤,测量并记录现场温度。

8.正确。

9.错误。正确答案:水样在贮存期内发生变化的程度取决于水的类型及水样的化学性质和生物学性质,也取决于保存条件、容器材质、运输及气候变化等因素。

10.错误。正确答案:测定氟化物的水样不能贮于玻璃瓶中。

11.错误。正确答案:清洗容器的一般程序是,先用水和洗涤剂洗、再用铬酸-硫酸洗液,然后用自来水、蒸馏水冲洗干净。

12.错误。正确答案为:测定水中重金属的采样容器常用盐酸或硝酸洗液洗净,并浸泡1~2d,然后用蒸馏水或去离子水冲洗。

13.错误。正确答案:测定水中微生物的样品瓶在灭菌前可向容器中加入硫代硫酸钠,以除去余氯对功菌的抑制作用。

14.错误。正确答案:测定水中六价铬时,采集水样的容器不应使用磨口及内壁已磨毛的容器。

15.正确。

16.错误。正确答案:为采集有代表性的样品,采集测定溶解气体、易挥发物质的水样时不能把层流诱发成湍流。

17.正确。

18.错误。正确答案为:采集河流和溪流的水样时,在潮汐河段,涨潮和落潮时采样点的布设应该不同。

19.正确。

20.错误。正确答案:若样品在混合后,其中待测成分或性质发生明显变化时,不用采集混合水样,要采取单样储存方式。

21.错误。正确答案:在封闭管道中采集水样,采样器探头或采样管应妥善地放在进水的下游,采样管不能靠近管壁。

22.正确。

23.错误。正确答案:沉积物采样地点除设在主要污染源附近、河口部位外,应选择由于地形及潮汐原因造成堆积以及沉积层恶化的地点,也可选择在沉积层较薄的地点。

24.正确。

25.错误。正确答案:综合深度法采样时,为了在所有深度均能采得等份水样,采样瓶沉降或提升的速度应随深度的不同作出相应的变化。

26.正确。

27.正确。

三、选择题

1.C　2.C　3.A　4.A　5.A　6.B　7.B　8.A　9.A　10.B　11.C　12.B　13.B　14.B　15.B　16.C　17.D　18.A　19.A　20.B　21.C

四、问答题

1.答案:采集水中挥发性有机物样品的容器的洗涤方法:先用洗涤剂洗,再用自来水冲洗干净,最后用蒸馏水冲洗。采集水中汞样品的容器的洗涤方法:先用洗涤剂法,再用自来水冲洗干净,然后用(1+3)HNO_3荡洗,最后依次用自来水和去离子水冲洗。

2.答案:(1)容器不能引起新的沾污;(2)容器器壁不应吸收或吸附某些待测组;(3)容器不应与待测组分发生反应;(4)能严密封口,且易于开启;(5)深色玻璃能降低光敏作用;(6)容易清洗,并可反复使用。

3.答案:包括水位、水量、水温、pH 值、电导率、浑浊度、色、嗅和味、肉眼可见物等指标,同时还应测定气温、描述天气状况和近期降水情况。

4.答案:(1)保证采样器、样品容器清洁。(2)工业废水的采样,应注意样品的代表性:在输送、保存过程中保持待测组分不发生变化;必要时,采样人员应在现场加入保存剂进行固定,需要冷藏的样品应在低温下保存;为防止交叉污染,样品容器应定点定项使用;自动采样器采集且不能进行自动在线监测的水样,应贮存于约 4℃的冰箱中。(3)了解采样期间排污单位的生产状况,包括原料种类及用量、用水量、生产周期、废水来源、废水治理设施处理能力和运行状况等。(4)采样时应认真填写采样记录,主要内容有:排污单位名称、采样目的、采样地点及时间、样品编号、监测项目和所加保存剂名称、废水表观特征描述、流速、采样渠道水流所占截面积或堰槽水深、堰板尺寸、工厂车间生产状况和采样人等。(5)水样送交实验室时,应及时做好样品交接工作,并由送交人和接收人签字。(6)采样人员应持证上岗。(7)采样时需采集不少于 10% 的现场平行样。

5.答案:从水体的特定地点,在同一垂直线上,从表层到沉积层之间,或其他规定深度之间,连续或不连续地采集两个或更多的样品,经混合后所得的样品即为湖泊和水库样品的深度综合样。

6.答案:因气体交换、化学反应和生物代谢,水样的水质变化很快,因此送往实验室的样品容器要密封、防震、避免日光照射及过热的影响。当样品不能很快地进行分析时,根据监测项目需要加入固定剂或保存剂。短期贮存时,可于 2～5℃冷藏,较长时间贮存某些特殊样品,需将其冷冻至 −20℃,样品冷冻过程中,部分组分可能浓缩到最后冰冻的样品的中心部分,所以在使用冷冻样品时,要将样品全部融化。也可以采用加化学药品的方法保存。但应注意,所选择的保存方法不能干扰以后的样品分析,或影响监测结果。

7.答案:(1)将水样充满容器至溢流并密封,如测水中溶解性气体。(2)冷藏(2～5℃)如测水中亚硝酸盐氮;(3)冷冻(−20℃)如测水中浮游植物。

8.答案:水样采集后,按各监测项目的要求,在现场加入保存剂,做好采样记录,粘贴标签并密封水样容器,妥善运输,及时送交实验室,完成交接手续。

9.答案:用适当大小的管子从管道中抽取样品,液体在管子中的线速度要大,保证液体呈湍流的特征,避免液体在管子内水平方向流动。

作业——水质物理指标

一、填空题

1.饮用;生活污;工业废。

2.生活污;工业废。

3.近无臭的天然;高达数千的工业废。

4.邻甲酚;正丁醇。

5.气流;气味。

6.臭阈浓度;臭阈值。

7.读数;气温。

8.悬浮物;胶体。

9.天然;处理。

10.光线充足;1。

11.水柱高度;0.5。

12.透明度盘;黑白漆相间涂布。

二、判断题

1.错误。正确答案:测定臭的水样不能用塑料容器盛装。

2.错误。正确答案:检验臭的人员,不需要嗅觉特别灵敏,但嗅觉迟钝者不可入选。

3.错误。正确答案:不应让检验人员制备试样或知道试样的稀释倍数,样瓶需编暗码。

4.错误。正确答案:臭阈值随温度而变,报告中必须注明检验时的水温,有时也可用 40℃作为检臭温度。

　5.正确。

　6.错误。正确答案:不能直接使用市售蒸馏水。

　7.错误。正确答案:应保持在 60±1℃,也可用 40℃作检臭温度。

　8.错误。正确答案:应该直至闻出最低可辨别臭气的浓度。

　9.正确。

　10.正确。

　11.错误。正确答案:水温计用于地表水、污水等浅层水温的测量。

　12.正确。

　13.错误。正确答案:透明度与浊度成反比。

　14.正确。

　15.错误。正确答案:透明度测定的印刷符号是标准印刷符号。

　16.错误。正确答案:铅字法测定透明度必须将振荡均匀的水样立即倒入。

　17.正确。

　18.错误。正确答案:用塞氏盘法测定水样的透明度,记录单位为 cm。

　19.错误。正确答案:现场测定透明度时,将塞氏圆盘平放入水中逐渐下沉,至刚好不能看见盘面的白色。

　20.错误。正确答案:十字法所用透明度计底部是白瓷片。

　21.错误。正确答案:十字法测定的透明度与浊度是可以换算的。

三、选择题

1.B　2.D　3.A　4.C　5.D　6.A　7.D　8.B　9.B　10.A　11.B　12.A　13.C　14.B

四、问答题

1.答案:水样中存在余氯时,可在脱氯前、后各检验一次。用新配的 3.5g/L 硫代硫酸钠($Na_2S_2O_3 \cdot 5H_2O$)溶液脱氯,1mL 此溶液可除去 1mg 余氯。

2.答案:臭强度等级分为六级,0 级:无任何气味;1 级:微弱,一般饮用者难于观察,嗅觉敏感者可察觉;2 级:弱,一般饮用者刚能察觉;3 级:已能明显察觉,不加处理不能饮用;4 级:强,有很明显的臭味;5 级:很强,有强烈的恶臭。

3.答案:(1)水样存在余氯时,可在脱氯前、后各检验一次;(2)臭阈值随温度而变,报告中必须注明检验时的水温,检验全过程试样保持 60±1℃;有时也可用 40℃作为检臭温度;(3)检验的全过程中,检验人员身体和手不能有异味;(4)于水浴中取出锥形瓶时,不要触及瓶颈;(5)均匀振荡 2～3s 后去塞闻臭气;(6)闻臭气时从最低浓度开始渐增。

4.答案:水中溶解性气体的溶解度,水中生物和微生物活动,非离子氨,盐度、pH 值以及碳酸钙饱和度等都受水温变化的影响。

习题——色度

一、填空题

1.15。

2.30;6。

3.盐酸;表面活性剂溶液。

二、判断题

1.正确。

2.正确。

3.错误。正确答案:色度标准溶液由储备液用光学纯水稀释到一定体积而得。

4.正确。

5.错误。正确答案:可用离心法或 $0.45\mu m$ 滤膜过滤,但不能用滤纸过滤,因为滤纸吸附颜色。

6.错误。正确答案:铂钴比色法表示色度用"度",稀释倍数表示色度用"倍"。

7.正确。

8.正确。

三、选择题

1.B   2.C   3.D

四、问答题

1.答案:在每升溶液中含有2mg六水合氯化钴(Ⅱ)和1mg铂[以六氯铂(CIV)酸的形式存在]时产生的颜色为1度。

2.答案:将水样用光学纯水稀释至光学纯水相比刚好看不见颜色时,记录稀释倍数,以表示水的色度,单位为"倍",同时用目视观察水样,检验颜色性质:颜色的深浅(无色、浅色或深色)、色调(红、橙、黄、绿、蓝和紫等),如果可能包括样品的透明度(透明、浑浊或不透明),用文字予以描述。结果以稀释倍数值和文字描述相结合表达。

3.答案:用氯铂酸钾和氯化钴配制标准色列,与被测样品进行目视比较。水样的色度以与之相当的色度标准溶液的色度值表示。

4.答案:铂钴比色法适用于清洁水、轻度污染并略带黄色调的水及较清洁的地表水、地下水和饮用水等。稀释倍数法适用于污染较严重的地表水和工业废水。

5.答案:"表观颜色"是指没有去除悬浮物的水所具有的颜色,包括了溶解性物质及不溶解的悬浮物所产生的颜色。"真实颜色",是指去除浊度后水的颜色。一般色度测定,均需测定样品的"真实颜色"。但是,对于清洁的或者浑度很低的水,"表观颜色"和"真实颜色"相近。对着色很深的工业废水,其颜色主要由胶体和悬浮物所造成,故可根据需要测定:"真实颜色"或"表观颜色"。如果样品中有泥土或其他分散很细的悬浮物,虽经预处理而得不到透明水样时,则只测"表观颜色"。如测定水样的"真实颜色"应放置澄清取上清液,或用离心法去除悬浮物后测定;如测定水样的"表观颜色",待水样中的大颗粒悬浮物沉降后,取上清液测定。

习题——pH

一、填空题

1.工业废水

2.6

3.0.1

二、判断题

1.错误。正确答案:必须单独测定每次采集水样的pH值。

2.正确。

3.错误。正确答案:使用过的标准溶液不可以再倒回去反复使用,因为会影响标准溶液的pH值。

4.正确。

5.正确。

三、选择题

1.B　2.A　3.B　4.A

习题——氨氮(非离氨)

一、填空题

1.絮凝沉淀;蒸馏

2.$Na_2S_2O_3$;掩蔽剂

3.KI;$HgCl_2(HgI_2)$

4.淡红棕

5.蓝

6.0.01;1

7.硫酸;氢氧化钠

8.氢氧化钠;6.0～6.5

二、判断题

1.正确。

2.错误。正确答案:水中氨氮是指以游离氨(NH_3)或铵盐(NH^{4+})形式存在氮。

3.错误。正确答案:0.025mg/L。

4.正确。

5.错误。正确答案:经标定后应存放于棕色滴瓶内。

6.正确。

7.错误。正确答案:当水样中含盐量高,试剂酒后酸盐掩蔽能力不够时,镁镁产生沉淀影响测定。

8.错误。正确答案:水样采集后储存在聚乙烯瓶或玻璃瓶内应尽快分析,否则用硫酸酸化到 pH<2 于 2～5℃保存。

三、选择题

1.B　2.C　3.C　4.A

四、问答题

1.答案:有脂肪胺、芳香胺、醛类、丙酮、醇类和有机氮胺等有机化合物,以及铁、锰、硫等无机离子、色度、浊度也干扰测定。

2.答案:余氯和氨氮反应可形成氯胺干扰测定。可加入 $Na_2S_2O_3$ 消除干扰。

3.答案:由于测得吸光度值已超过了分光光度计最佳使用范围(A=0.1～0.7),应适当少取水样重新测定。

4.答案:水样采集在聚乙烯瓶或玻璃瓶内,要尽快分析,必要时可加 H_2SO_4,使 pH<2,于2～5℃下保存。酸化样品应注意防止吸收空气中的氨而招致污染。

5.答案:(1)在加入硫酸锌和氢氧化钠溶液时,没有说明加入硫酸锌和氢氧化钠溶液的浓度、沉淀的酸度和混匀等操作;(2)没有说明加入上述溶液后应放置多久;(3)没有说明滤纸应用无氨水洗涤;(4)没有说明过滤水样进行显色的准确体积。

6.答案:(1)在水中加入 H_2SO_4 至 pH<2,重新蒸馏,收集馏出液。向蒸馏水中加入几毫升阳离子交换树脂,可以去除余氨。

五、计算题

答案:氨氮(N,mg/L)$=\dfrac{0.0180}{10.00}\times1000=1.80(mg/L)$

习题——亚硝酸盐氮、硝酸盐氮

一、填空题

1.硝酸盐;氨直至氮。

2.含氮有机物;农田排水。

3.24;氯化汞。

4.氢氧化铝悬浮液。

5.<2;24。

6.硫酸溶液;0.02mol/L 高锰酸钾溶液。

7.紫外;电极。

8.清洁地表水;未受明显污染的地下水。

9.絮凝共沉淀;大孔中性吸附树脂。

二、判断题

1.正确。

2.正确。

3.错误。正确答案:生成红色染料。

4.正确。

5.错误。正确答案:使用光程长为 10mm 的比色皿,亚硝酸盐氮的浓度小于 0.2mg/L 时其呈色符合比尔定律。

6.错误。

7.正确。

8.错误。正确答案:在搅拌下加入 3~4mL 氨水,使溶液呈现最深的颜色。

9.正确。

10.错误。正确答案:若水样中含有氯离子较多(10mg/L),会使测定结果偏低。

11 正确。

12.正确。

13.正确。

14.错误。正确答案:测得吸光度应近于零,否则需再生。

15.正确。

16.正确。

17.错误。正确答案:参考吸光度比值(A275/A220×100%)应小于 20%,且越小越好。

18.正确。

19.正确。

20.正确。

三、选择题

1.C　2.B　3.B　4.C　5.B　6.B　7.B　8.D　9.B

四、问答题

1.答案:在磷酸介质中,pH 值为 1.8±0.3 时,亚硝酸根离子与 4-氨基苯磺酰胺反应,生成重氮盐,再与 N-(1-萘基)-乙二胺盐酸盐偶联生成红色染料,在 540nm 波长处测定吸光度。

2.答案:硝酸盐在无水情况下与酚二磺酸反应,生成硝基二磺酸酚,在碱性溶液中为黄色化合物,于 410nm 波长处测量吸光度。

3.答案:每 100mL 水样中加入 2mL 氢氧化铝悬浮液,密塞充分振摇,静置数分钟澄清后,过滤,弃去最初的 20mL 滤液。

4.答案:用以检查硝有化是否完全。如出现两份溶液浓度有差异时,应重新吸取标准贮备液进行制备。

5.答案:利用硝酸离子在 220nm 波长处的吸收而定量测定硝酸盐氮。溶解的有机物在 220nm 处也会有吸收,而硝酸根离子在 275nm 处没有吸收。因此。在 275nm 处作另一次测量,以校正硝酸盐氮值。

6.答案:新的树脂先用 200mL 水分两次洗涤,用甲醇浸泡过液,弃去甲醇,再用 40mL 甲醇分两次洗涤,然后用新鲜去离子水洗到柱中流出水液滴落于烧杯中无乳白色为止。树脂装入柱中时,树脂间不允许存在气泡。

7.答案:溶解的有机物、表面活性剂、亚硝酸盐、六价铬、溴化物、碳酸氢盐和碳酸盐等。

五、计算题

1.答案:$c(NO_2^- - N, mg/L) = \dfrac{m}{V} = \dfrac{0.012 \times 1000}{4.0} = 3.0$

$c(NO_2^-, mg/L) = \dfrac{m}{V} = 3.00 \times \dfrac{14 + 16 \times 2}{14} = 9.86$

2.答案:$c(NO_3^- - N, mg/L) = \dfrac{m}{V} = \dfrac{0.176 - 0.004}{0.0149 \times 10.0} = 1.15$

$c(NO_3^-, mg/L) = \dfrac{m}{V} = 1.15 \times \dfrac{14 + 16 \times 3}{14} = 5.09$

习题——总氮、凯氏氮

一、填空题

1.有机氮;无机氮(化合物)。

2.沉淀;上清液。

3.0.05;4。

4.氨氮;有机氮化合物。

5.污染;富营养化。

6.分光光度;酸滴定。

7.胺基氮;硫酸氢铵。

8.不完全;低。

9.酚酞;氢氧化钠。

二、判断题

1.错误。正确答案:硫酸盐及氯化物对测定无影响。

2.正确。

3.正确。

4.正确。

5.正确。

三、选择题

1.A 2.B 3.C 4.A 5.A 6.B

四、问答题

1.答案:(1)水样中含有六价铬离子及三价铁离子时干扰测定,可加入 5% 盐酸羟胺溶液 1～2mL,以消除其对测定的影响。(2)碘离子及溴离子对测定有干扰,测定 20μg 硝酸盐氮时,碘离子含量相对于总氮含量 0.2 倍时无干扰,溴离子含量相对于总氮含量的 3.4 倍时无干扰;(3)碳酸盐及碳酸氢盐对测定的影响,在加入一定量的盐酸后可消除。

2、答案:过硫酸钾将水样中的氨氮、亚硝酸盐氮及大部分有机氮化合物氧化为硝酸盐。硝酸根离子在 220nm 波长处有吸收,而溶解的有机物在此波长也有吸收,干扰测定。在 275mm 波长处,有机物有吸收,而硝酸根离子在 275nm 处没有吸收,所以在 220nm 和 275nm 两处测定吸光度,用来校正硝酸盐氮值。

3.答案:主要是蛋白质、肽、氨基酸、核酸、尿素以及化合的氮,主要为负三价态的有机氮化合物。

作业——磷

一、填空题

1.100;200;300。

2.0.05。

3.有机相。

4.有机;无机。

5.藻类;富营养化。

6.正磷酸盐;缩合磷酸盐;有机结合磷酸盐。

7.过硫酸钾;硝酸-硫酸;硝酸-高氯酸。

二、判断题

1.错误。正确答案:不应超过较小结果的 10%。

2.正确。

3.错误。正确答案:要用玻璃瓶采集。

4.正确。

5.正确。

6.错误。正确答案:向试样中加入 3mL 浊度-色度补偿溶液后,不再用加入抗坏血酸和钼酸盐溶液。

7.错误。正确答案:此时在 20～30℃水浴上显色 15min 即可。

8.正确。

9.错误。正确答案:将钼酸铵溶液徐徐加入 300mL(1+1)硫酸溶液中。

10.正确。

11.错误。正确答案:在酸性条件下,砷、铬和硫干扰测定。

12.错误。正确答案:如溶液颜色变黄,不可继续使用。

13.错误。正确答案:水样要在酸性条件下保存。

14.错误。正确答案:水样要在酸性条件下保存。

三、选择题

1.B 2.A 3.B 4.C 5.B 6.A 7.D

四、问答题

1.答案:元素磷经苯萃取后,在苯相加入氧化剂,氧化形成的磷钼酸被氯化亚锡还原成蓝色络合物,比色测定。

2.答案:在中性条件下用过硫酸钾(或用硝酸-高氯酸)使用试样消解,将各种形式的磷全部氧化为正磷酸盐,在酸性介质中,正磷酸盐与钼酸铵反应,在锑盐存在下生成磷钼杂多酸后,立即被抗坏血酸还原,生成蓝色的铬合物。

3.答案:浊度-色度补偿液由两个体积硫酸溶液和一个体积抗坏血酸溶液混合而成。其中,硫酸溶液浓度为1+1,抗坏血酸溶液浓度为 100g/L。

4.答案:第一步用氧化剂(过硫酸钾、硝酸-过氯酸、硝酸-硫酸、硝酸镁或者紫外照射)将水样中不同形态的磷转化为磷酸盐。第二步测定正磷酸,从而求得总磷含量。

5.答案:(1)砷含量大于2mg/L有干扰,用硫代硫酸钠去除。(2)硫化物含量大于2mg/L有干扰,在酸性条件下通氮气可以去除。(3)六价铬含量大于50mg/L有干扰,用亚硫酸钠去除。(4)亚硝酸盐含量大于1mg/L有干扰,用氧化消解或加氨磺酸去除。(5)铁浓度为20mg/L,使结果偏低 5%。

6.答案:抗坏血酸溶液氧化发黄,主要由于溶液中存在微量铜造成,加入 EDTA-甲酸可延长溶液有效使用时间,溶液经过3个月显色仍正常,也可用冰乙酸代替甲酸。

7.答案:(1)废水中元素磷含量大于0.05mg/L时,采取水相直接比色。其预处理过程分为3步骤:萃取——用苯萃取;氧化——在苯相中先后加入溴酸钾-溴化钾溶液、硫酸溶液、高氯酸进行氧化;用水稀释定容。(2)废水中元素磷含量小于0.05mg/L时,采取有机相萃取比色。移取适量的上述氧化稀释液于硝酸溶液中,加入钼酸溶液和乙酸丁酯进行萃取,向有机相加入钼酸溶液和乙酸丁酯进行萃取,向有机相加入氯化亚锡溶液和无水乙醇,弃去水相。

8.答案:适用于地表水、污水和工业废水。

习题——高锰酸盐指数

一、判断题

1.错误。正确答案:不论酸性法还是碱性法,测定高锰酸盐指数的水样在采集后若不能立即分析,在保存时均应加硫酸。

2.正确。

3.错误。正确答案:沸水浴液面要高于反应溶液的液面。

4.错误。正确答案:因为高锰酸盐指数只能氧化一部分有机物,所以高锰酸盐指数不能作为理论需氧量或有机物含量的指标。

5.正确。

二、选择题

1.B 2.C 3.A 4.B

三、问答题

答案:因为 HNO_3 为氧化性酸,能使水中被测物氧化,而盐酸中的 Cl 具有还原性,也能与 $KMnO_4$ 反应,故通常用 H_2SO_4 酸化,稀 H_2SO_4 一般不具有氧化还原性。

四、计算题

答案:$X=0.1000\times(134.10\times1/2)\times100/1000=0.6705(g)$

习题——COD

一、填空题

1.0.0248

2.1000

3.叠氮化钠

4.重铬酸盐;比

5.60;高于

6.强酸;2

7.硫酸汞

8.硫酸铝钾;钼酸铵

9.冷却;空白

10.硫酸;<2

11 掩蔽剂

12.<20000

13.摩尔;mg

二、判断题

1.错误。正确答案:应先将 1.0g 可溶性淀粉用少量水调成糊状后,再用刚煮沸的水冲稀至 100mL。

2.正确。

3.错误。正确答案:取加权平均值作为水样的 K 值。

4.错误。正确答案:可测定 COD 值为 $5\sim50mg/L$ 的水样。

5.错误。正确答案:是邻菲啰啉和硫酸亚铁溶于水配制而成的。

6.错误。正确答案:当水中 COD 值在 $50\sim1000mg/L$ 时,应选用浓度为 0.2mol/L 的重铬酸钾消解液。

7.错误。正确答案:应以氧的质量浓度表示。

8.正确。

9.正确。

10.错误。正确答案:应将浓硫酸缓慢加入水中,不能相反操作,以防浓硫酸溅出。

11.正确。

12.正确。

13.正确。

14.正确。

15.正确。

16.错误。

三、选择题

1.A　2.B　3.C　4.A　5.C　6.C　7.B　8.C　9.B　10.A　11.B　12.B　13.A　14.C　15.B

四、问答题

1.答案:碘化钾碱性高锰酸钾法适用于油气田和炼化企业氯离子含量高达每升几万至十几万毫克高氯废水中化学需氧量的测定。方法的最低检出限为 0.20mg/L,测定上限为62.5mg/L。

2.答案:以淀粉作指示剂时,淀粉指示剂不得过早加入,应先用硫代硫酸钠滴定到溶液呈浅黄色后再加入淀粉溶液。

3.答案:影响因素包括氧化剂的种类及浓度,反应溶液的酸度、反应温度和时间以及催化剂的有无等。

4.答案:干燥温度过高会导致其脱水而成为邻苯二甲酸酐。

五、计算题

1.答案:$c(O_2,\text{mg/L})=\dfrac{(V_0-V)C\times8\times1000}{V}=64$

2.答案:$2KHC_8H_4O_4+15O_2=K_2O+16CO_2+5H_2O;\dfrac{2\times204.2}{15\times32.0}=\dfrac{x}{500}$,

$x=425.4\text{mg}=0.4254\text{g}$。

作业——溶解氧

一、填空题

1.四价锰的氢氧化物(棕色)

2.曝气或有气泡残存

3.增加;降低

4.高;低

5.明矾絮凝修正

二、判断题

1.错误。正确答案:应用叠氮化钠法消除干扰。

2.正确。

3.错误。正确答案:若亚铁离子含量高,应采用高锰酸钾修正法。

4.正确。

5.错误。正确答案:应该使用橡皮塞。

三、选择题

1.B　2.B　3.A　4.C

四、问答题

答案:(1)使用新煮沸并冷却的蒸馏水,以除去蒸馏水中 CO_2 和 O_2,杀死细菌;(2)加入适量氢氧化钠(或碳酸钠),保持溶液呈弱碱性,以抑制细菌生长;(3)避光保存,并储于棕色瓶中,因为在光线照射和细菌作用下,硫代硫酸钠会发生分解反应;(4)由于固体硫代硫酸钠容易风化,并含有少量杂质,所以不能直接用称量法配制标准溶液;(5)硫代硫酸钠水溶液不稳定,会与溶解在水中的 CO_2 和 O_2 反应,因此需定期标定。

五、计算题

答案:$DO(O_2,mg/L) = \dfrac{V_1}{V_2-R} \times \dfrac{M \times V \times 8 \times 1000}{100.00} = 7.26$

作业——BOD

一、填空题

1.生物氧化

2.无机营养盐;缓冲物质

3.经驯化的微生物接种

二、判断题

1.正确。

2.错误。正确答案:在 $20 \pm 1℃$ 的培养箱中培养 5d。

3.正确。

4.错误。正确答案:应将水样升温至 $20℃$ 左右赶出饱和溶解氧后进行测定。

5.正确。

三、选择题

1.B   2.A   3.A   4.A   5.C   6.A

四、问答题

1.答案:(1)调整 pH 在 $6.5 \sim 7.5$;(2)准确加入亚硫酸钠溶液消除活性氯;(3)进行接种。

2.答案:(1)温度严格控制在 $20 \pm 1℃$;(2)注意添加封口水,防止空气中氧进入溶解氧瓶内;(3)避光防止试样中藻类产生 DO;(4)从样品放入培养箱起计时,培养 5d 后测定。

3.答案:说明此水样培养 5 天后水中已无溶解氧,水样可生化有机物的含量较高,水样稀释不够。

4.答案:该水样的 BOD_5 值不能确定,因剩余溶解氧 $<1.0mg/L$,水样中有机物氧化不完全,应重新取样,增加稀释倍数,再测定。

5.答案:在一定条件下,微生物分解存在水中的某些可氧化物质,特别是有机物所进行的生物化学过程消耗溶解氧的量叫生化需氧量。

6.答案:(1)如果水样 pH 超出 $5.5 \sim 9.0$,应用酸或碱调至 pH 为 7 左右;(2)水样浑浊时,静置 30min,取上清液进行测定;(3)水样的水温过高或过低时,应迅速调节至 $20℃$ 左右;(4)如果水样中的游离氯存在,应加入亚硫酸钠除去游离氯。

作业——酚

一、填空题

1.230

2.0.002;0.5

3.水中微生物;氧

4.0.5～4.0;$CuSO_4$

5.三氯甲烷萃取;直接分光光度

6.0.002;0.12

二、判断题

1.正确。

2.错误。正确答案:预蒸馏操作不能省略。

3.错误。正确答案:缓冲液的 pH 值不在 10.0±0.2 范围内时,应重新配制。

4.错误。正确答案:不能用塑料瓶保存测酚水样。

三、选择题

1.A　2.C　3.A

四、问答题

1.答案:(1)于每升水中加入 0.2g 经 200℃活化 30min 的粉末活性炭,充分振摇后,旋转过夜,用双层中速滤纸过滤。(2)加入 NaOH 使水样呈强碱性,并滴加 $KMnO_4$ 溶液至紫红色,在全玻璃蒸馏器中加热蒸馏,集取馏出液。

2.答案:根据水质标准规定,挥发酚是指能与水蒸气一并蒸出的酚类化合物,因此样品必须经过蒸馏。经蒸馏操作,还可以消除色度、浊度和金属离子等的干扰。

3.答案:在采样现场将水样酸化后,滴于 KI-淀粉试剂上,如出现蓝色,说明存在氧化剂,应及时在水样中加入过量硫酸亚铁铵除去。

五、计算题

答案:$c(K_2Cr_2O_7)=\dfrac{6.129\times1000}{49.03\times250.0\times20}=0.02500(mg/L)$

$c(Na_2S_2O_3)=\dfrac{0.02500\times20}{19.80}=0.02525(mg/L)$

$c(酚)=\dfrac{0.02525\times(24.78-0.78)\times15.68}{10.00}=0.9502(mol/L)$

作业——铬

一、填空题

1.二苯碳酰二肼

2.分光光度法;原子吸收法;电感耦合等离子射光谱法(JCP－AES);中子活化分析法;滴定法

3.CrO_4^{2-};$HCrO_4^-$;$Cr_2O_7^{2-}$

4.0.2;温度;放置时间

5.色度;锌盐沉淀分离;酸性高锰酸钾(氧化法)

6.0.004

7.7

二、判断题

1.正确。

2. 错误。正确答案:测定水中总铬时,水样采集后,需加入硝酸调节 $pH < 6$。

3. 错误。正确答案:颜色变深不能再使用。

4. 正确。

5. 错误。正确答案:二苯碳酰二肼与铬的络合物在 540nm 处有最大吸收。

6. 正确。

7. 正确。

8. 错误。正确答案为:稳定时间与六价铬的浓度有关,六价铬浓度低,显色后稳定时间短。

三、选择题

1. C 2. B 3. A 4. B 5. B 6. C 7. C 8. A

四、问答题

1. 答案:说明水样中有机物和无机还原性物质含量高(其中 Cr^{3+} 的含量也可能高)。应适当减少取样量另做,或适量补充高锰酸钾用量并同时做空白试验。

2. 答案:在酸性溶液中,水样中的三价铬被高锰酸钾氧化成六价铬。六价铬与二苯碳酰二肼反应,生成紫红色化合物,于波长 540nm 处进行测定。

3. 答案:因为只有将水样中的各种价态的铬都转化为六价铬后才能用二苯碳酰二肼法测定总铬,但在强酸性条件下,铬以 $Cr_2O_7^{2-}$ 形式存在,$Cr_2O_7^{2-}$ 具有比 HNO_3 还强的氧化性,它可先氧化还原性物质(如有机物),而本身被还原为 Cr^{3+}。只有加入高锰酸钾,进一步氧化,才能保证把 Cr^{3+} 完全氧化成 Cr^{6+},从而测定的结果才可靠。

4. 答案:磷酸与 Fe^{3+} 形成稳定的无色络合物,从而消除 Fe^{3+} 的干扰,同时磷酸也和其他金属离子络合,避免一些盐类析出而产生浑浊。

5. 答案:不能用重铬酸钾洗液洗涤。因为重铬酸钾洗液中的铬呈六价,容易沾污器壁,使六价铬或总铬的测定结果偏高。应使用硝酸、硫酸混合液合成洗涤剂洗涤,洗涤后要冲洗干净,所有玻璃器皿内壁须光滑,以免吸附铬离子。

五、计算题

1. 答案:$m(K_2Cr_2O_7) = 50.0 \times 1.000 \times 294.4/104.0 = 0.1414(g)$

2. 答案:已知 $A = 0.001, B = 0.044 y = 0.001 + 0.004 x$

水样中总铬 $x = (0.095 - 0.007 - 0.001)/0.044 = 1.98(\mu g)$

加标样中总铬 $= (0.267 - 0.007 - 0.001)/0.044 = 5.89(\mu g)$

加标回收率 $p = (5.89 - 1.98)/4.00 \times 1.00 \times 100\% = 97.8\%$

作业——锰

一、填空题

1. 0.1

2. 未受重污染的地表水;高度污染的工业废水

3. 450;水

4. 0.01;0.5~4.0;2~40

二、判断题

1. 错误。正确答案:含铁水样暴露在空气中,二价铁可迅速被氧化成三价铁。

2. 错误。正确答案:含铁水样的 $pH > 3.5$ 时,易导致高价铁的水解沉淀。

3.错误。正确答案:亚铁离子在 pH 为 3～9 溶液中与邻菲罗啉生成稳定的橙红色络合物,避光保存可稳定半年。

4.正确。

5.正确。

6.正确。

7.错误。正确答案:地表水中有可溶性三价锰的络合物和四价锰的悬浮物存在。

8.正确。

9.错误。

10.正确。

11.正确。

12.错误。正确答案为:应慢慢将容量瓶打开,防止溶液溅出。

13.正确。

14.正确。

15.错误。正确答案:经酸化至 pH=1 的清洁水,一般可直接用于测定。

16.正确。

三、选择题

1.B 2.C 3.B 4.C 5.A 6.C 7.B 8.D

四、问答题

1.答案:采集时将 2mL 盐酸加入 100mL 具塞的水样瓶内,注满水样后,塞好瓶塞以防氧化,保持到测量,最好现场测定或显色。含 C.N-或 S₂-离子的水样酸化时必须小心进行,因为会产生有毒气体。

2.答案:邻菲罗啉能与某些金属离子形成有色络合物。当水样中铜、锌、钴及铬的浓度大于铁浓度的 10 倍,镍含量大于 2mL/L 时干扰测定。加入过量的显色剂可消除干扰。汞、镉及银浓度高时可与邻菲罗啉生成沉淀,将沉淀过滤除去即可。

3.答案:因为溶液的 pH 值是显色完全与否的关键条件,若 pH<6.5,则显色速度减慢,影响测定结果。在中性或弱碱性溶液中,在焦磷酸钾-乙酸钠存在下,高碘酸钾可于室温下瞬间将低价锰氧化成高锰酸盐,且色泽可稳定 16h 以上。

4.答案:因为水样中的二价锰在中性或碱性条件下能被空气氧化为更高的价态而产生沉淀,并被容器壁吸附,因此,测定总锰的水样应在采样时加硝酸酸化至 pH<2。

5.答案:在 pH 9.0～10.0 的碱性溶液中,Mn²⁺ 被溶解氧化为 Mn(IV),与甲醛肟生成棕色络合物。该络合物的最大吸收波长为 450nm。锰浓度在 4.0mg/L 以内,浓度和吸收度呈线性关系。

6.答案:金属干扰物质是金属元素水中含有铁、铜、钴、镍、钒及铈金属元素时均可与甲醛肟形成络合物,干扰锰的测定。加入盐酸羟胺和 EDTA 可减少干扰。

参考文献

[1]鲁增辉.氨氮对稀有的卿胚胎及卵黄囊期仔鱼的毒性效应研究[D].重庆:西南大学,2011.

[2]徐远.鸟粪石结晶法对氨氮废水处理的实验研究[D].苏州:苏州科技学院,2007.

[3]何群华.水体中氨氮测定方法的研究进展[J].广东化工,2013(14).

[4]奚旦立,孙裕生.环境监测[M].北京:高等教育出版社,2010.

[5]李国刚,夏新,池靖,等.环境监测人员持证上岗考核试题集(上册)[M].北京:中国环境出版社,2013.